DES

PHÉNOMÈNES GLACIAIRES

DANS LE PLATEAU CENTRAL DE LA FRANCE, EN PARTICULIER

DANS LE PUY-DE-DÔME ET LE CANTAL.

DES
PHÉNOMÈNES GLACIAIRES

DANS LE

PLATEAU CENTRAL DE LA FRANCE

EN PARTICULIER

DANS LE PUY-DE-DOME ET LE CANTAL

PAR

Alphonse JULIEN

DOCTEUR ÈS SCIENCES,

MEMBRE DE LA SOCIÉTÉ GÉOLOGIQUE DE FRANCE.

PARIS

J.-B. BAILLIÈRE et FILS

LIBRAIRES DE L'ACADÉMIE IMPÉRIALE DE MÉDECINE

19, rue Hautefeuille, près le boulev. St-Germain.

LONDRES		MADRID
HIPP. BAILLIÈRE		C. BAILLY-BAILLIÈRE

1869

AVANT-PROPOS

La découverte du phénomène glaciaire en Auvergne, qui fait l'objet de ce travail, m'est commune avec mon excellent ami Edmond Laval.

Ensemble nous avons fait de nombreuses excursions sur tous les points du département du Puy-de-Dôme, où devait nous conduire cette étude. Ensemble nous avons fait les recherches historiques et bibliographiques nécessitées par notre découverte. Plus tard, après plusieurs mois de réflexion, j'ai pensé que ce grand phénomène n'était pas isolé, mais qu'il se rattachait dans toutes ses manifestations à celui dont on a observé des traces à peu près sur tout le globe. Nous nous proposons d'achever ensemble ce grand travail, commencé en commun, et dont cet opuscule n'est pour ainsi dire que le prologue.

PHÉNOMÈNES GLACIAIRES

DANS LE PLATEAU CENTRAL DE FRANCE, EN PARTICULIER DANS
LE PUY-DE-DÔME ET LE CANTAL.

PREMIÈRE PARTIE

I

L'impulsion communiquée par Cuvier dans le commencement du siècle aux recherches paléontologiques se fit sentir d'une façon remarquable en Auvergne.

Cette contrée eut le bonheur d'avoir des observateurs animés d'un ardent amour de la science, qui surent mettre à profit ses gisements fossilifères d'une richesse incomparable. Grâce à leurs travaux, l'Auvergne devint bientôt célèbre, et de tous les points de l'Europe, géologues et paléontologistes, s'empressèrent de la visiter et de nouer des relations avec les savants du pays.

Parmi les principaux gisements explorés avec persévérance pendant plus de vingt-cinq ans, le plus remarquable est celui de la colline de Perrier, dans le bassin d'Issoire. Cette montagne, en effet, présente une superposition de trois faunes, toutes très-riches, séparées par des formations de nature diverse, et pures de tout remaniement. Elle a été étudiée sous ses différents aspects, minéralogique, géologique et paléontologique, et si les conglomérats ponceux, la plus importante de toutes ces formations, n'ont pu révéler leur origine aux observateurs, il ne faut en accuser que l'imperfection de la science à cette époque.

Le travail que nous avons l'honneur de présenter vient combler cette lacune et faire ressortir l'importance capitale de cette colline, qui n'a peut-être pas d'égale dans le monde. On y trouve, en effet, l'enchaînement complet des phénomènes géologiques et la succession des faunes depuis l'époque miocène jusqu'à nos jours.

HISTORIQUE. — Au siècle dernier, nous ne connaissons sur ce sujet que le *Voyage d'Auvergne* (1787) de Legrand d'Aussy, et encore n'a-t-il parlé qu'en passant de Perrier.

A cette époque, le souvenir de la catastrophe de Pardines (1737), était présent à tous les esprits. Une partie de la coulée de basalte qui limite la colline au sud s'était écroulée, ensevelissant l'ancien village sous ses ruines. Les habitants avaient cru voir dans ce désastre le résultat d'un tremblement de terre. Legrand d'Aussy avait accepté cette explication et attribué, par une association d'idées facile à comprendre, une origine éruptive aux conglomérats ponceux.

En 1802, le comte de Montlosier, dont l'esprit d'observation était si remarquable, adopta la même opinion dans sa *Théorie des volcans d'Auvergne*. Bertrand Roux, que la science a perdu récemment, attribue à ces conglomérats une origine lacustre (*Géognosie des environs du Puy en Velay*, 1833). Huot, dans son *Tableau des Roches*, accepte cette manière de voir qui, du reste, a été combattue par Bravard, d'une manière irréfutable. Enfin, disons, en terminant, que Buckland croyait retrouver, dans les conglomérats de Perrier, un lambeau de son diluvium. Comme on le voit, ces observateurs n'avaient envisagé que le côté géognostique de cette colline, et ce n'est qu'avec Bravard et Croizet que commença son étude complète.

Le premier ouvrage publié dans cette direction est celui de MM. Ladevèze et Bouillet. Il est intitulé : *Essai géologique et minéralogique sur les environs d'Issoire et principalement sur la montagne de Boulade*, 1827. Ils donnent dans cet ouvrage une carte, des coupes géologiques et 28 planches d'ossements fossiles. La partie minéralogique est remarquable. C'est à ces deux auteurs que l'on doit la première mention des minéraux précieux qui s'y trouvent.

Ils furent suivis de près par la publication de Croizet et Jobert (*Recherches sur les ossements fossiles du département du Puy-de-Dôme*, 1828). Cette œuvre inachevée renferme 9 planches de coupes, et 46 planches de restes d'animaux vertébrés. La plus grande partie est consacrée à l'étude de la faune pliocène inférieure, ensevelie dans les sables qui supportent la vaste formation des conglomérats.

La même année, Bravard publia sa belle *Monographie de Perrier*. Cet observateur avait fait de cette colline une étude spéciale ; il y avait pour ainsi dire passé une partie de sa vie, et telle était la connaissance qu'il en avait acquise, qu'il pouvait s'apercevoir, après un orage, du moindre changement de relief dans les nombreux ravins qui la sillonnent.

Enfin, M. Pomel lui consacra plusieurs années de recherches dont le résultat fut consigné dans son *Catalogue méthodique et descriptif des vertébrés fossiles,* 1854.

Ces trois naturalistes publièrent encore séparément des notices sur le même sujet, soit dans le *Bulletin de la Société de géologie,* soit dans les *Annales scientifiques de l'Auvergne.*

Ces recherches, continuées depuis si longtemps, nous ont donné une connaissance complète de Perrier. La succession des couches et la distinction des faunes ont été nettement établies ; seul, le point le plus important n'a pu être élucidé. Nous voulons parler du mode de formation des conglomérats ponceux. Bravard et M. Pomel croyaient qu'ils étaient le produit d'éruptions boueuses venues du Mont-Dore. L'abbé Croizet y voyait, au contraire, le produit d'orages soudains, de véritables trombes, qui se seraient abattues sur le Mont-Dore, l'auraient démantelé et en auraient emporté au loin les débris. Nous discuterons avec soin ces deux théories, ainsi qu'une autre plus récente, émise par M. H. Lecoq, dans les *Périodes géologiques de l'Auvergne,* 1867.

TOPOGRAPHIE. — La montagne de Perrier, située à l'ouest de la plaine d'Issoire, termine la série des hauteurs parties du Mont-Dore, qui séparent les vallées voisines des *couzes* (1) de Besse et de Champeix. Elle s'étend sur une longueur de 4 kilomètres de Boulade à Pardines, et sur une largeur de 3 kilomètres environ de Perrier

(1) Dans le pays, on donne le nom de Couzes aux torrents descendus du Mont-Dore, et qui vont se jeter dans l'Allier.

aux escarpements de Boissat. Du côté de Pardines, point culminant, elle présente un fond circulaire formé d'escarpements basaltiques, qui courent de ce village jusqu'à Sauvagnat, près de l'Allier.

La hauteur du plateau de Pardines ne dépasse pas 620 mètres ; celle de la plaine d'Issoire, vers le village de Chambon, est de 485 mètres, ce qui donne pour l'inclinaison de la pente une différence de niveau de 130 à 140 mètres. La Couze qui baigne le pied des escarpements de Pardines, coule à 200 mètres au-dessous des basaltes.

Une dépression assez marquée limite cette colline à l'ouest et la sépare de la haute montagne de la Velle (780 mètres) qui la domine.

Les diverses parties de la colline ont reçu dans le pays des noms différents.

La partie la plus reculée du plateau, qui s'étend de Pardines à Boissat, porte le nom de plateau de Pardines ; elle est surtout basaltique.

La région moyenne, exclusivement formée de conglomérats adossés au basalte, se nomme plateau de Perrier.

Enfin la région inférieure, qui se termine vers Chambon, et qui se compose principalement des alluvions pliocènes forment le plateau de Boulade ou de la Croix-Saint-Antoine.

Onze ravins la découpent en tous sens ; les principaux sont :

Le ravin des Étouaires qui, du domaine de Boulade, remonte jusqu'au plateau de Pardines. Il est bien connu par l'énorme quantité d'ossements que l'on y a recueillis.

Le ravin de Boissat, plus au nord, sépare assez nettement les conglomérats ponceux du front basaltique qui les limite au nord-ouest.

Enfin, au-dessus de Perrier, existe une série de ravins très-escarpés, presque taillés à pic, où les nombreuses formations de cette colline sont très-faciles à étudier.

Coupe. Le soubassement de Perrier est formé par le *granite*, qui dans cette région est fortement coloré en rouge par le sesquioxyde de fer anhydre : il est légèrement chloriteux, ce qui lui a valu le nom de protogyne rougeâtre. Il affleure le long du chemin de la croix Saint Antoine. Le *terrain lacustre miocène* repose presque horizontalement sur le granite. On peut l'observer près de Boulade, au bas du ravin des Étouaires, mais il est plus visible sur les flancs de la vallée, près de Perrier, où il donne lieu à des exploitations suivies. Ces couches calcaires, légèrement dérangées par la sortie du basalte de Pardines, sont du même âge que le calcaire de Beauce. On trouve dans le *Catalogue méthodique et descriptif* de M. Pomel la série complète des fossiles qui ont été recueillis dans les carrières de Perrier, et dans celles du haut de la vallée, près de Sauriers où le calcaire s'arrête. Les plus riches gisements sont ceux de la rive droite de l'Allier, Chauffour, Orbeil, etc., qui sont la continuation des couches de Perrier.

Ces couches ont été profondément entamées à une époque ancienne, lors de la formation du relief trachytique du Mont-Dore. Au début de la période pliocène, le niveau de la vallée s'était abaissé jusqu'à 40 mètres environ au-dessus du niveau actuel des eaux.

Le calcaire est surmonté d'une couche de *cailloux roulés*, d'origine fluviatile, de quelques mètres d'épaisseur. Elle représente l'ancien lit de la Couze, qui mêlait ses eaux à l'Allier, alors beaucoup plus élevé et plus puissant. Les éléments de cette couche, qu'on retrouve en face de l'autre côté de la Couze, sont formés en grande partie de granite et de quartz, mais l'on y voit aussi beaucoup de cailloux basaltiques et des trachytes variés. Comme la protogyne, ils sont fortement colorés en rouge par un dépôt ferrugineux, d'origine thermale, et dû sans doute à la sortie du basalte de Pardines.

Au-dessus, vient un *banc de sable fin*, d'un mètre environ ; c'est le grand dépôt des fossiles pliocènes. C'est lui qui a fourni au curé de Neschers et à Bravard cette incroyable quantité de débris fossiles, qui nous ont fait si bien connaître la faune de cette époque.

En voici la liste (1) :

RONGEURS. — 4 : *Castor issiodorensis*, Croiz.; *Arvicola robustus*, Pom.; une seconde espèce; *Hystrix*, indét.

CARNASSIERS. — 16 : *Ursus arvernensis*, Croiz. et Job.; *Lutra Bravardi*, Pom.; *L. mustellina*, id.; *Zorilla antiqua* (*Rabdogale*, Pom.); *Felis arvernensis*, Croiz. et Job.; *F. pardinensis*, id., id.; *Felis Brachyrhynca*, Pom. (*F. pardinensis*, jeune, Croiz.); *F. Issiodorensis*, Croiz. et Job.; *F. Brevirostris*, id., id. (*F. Perrieri*, pars, Croiz.; *F. leptorhyncus*, Bravard.); *F. incerta*, Pom.; *Machairodus* (*Meganthereon*, Croiz et Job.); *Cultridens*, Cuv. sp. (*Felis*, id., Brav., *Ursus*, id., Cuv. Croiz.); *M. macroscelis*, Pom. sp. (*Felis meganthereon*, Brav.); *Hyæna Perrieri*, Croiz. et Job. ; *H. arvernensis*, id., id.; *H. dubia*, id., id. ; *Canis megamastoides*, Pom. (*C. issiodorensis*, Croiz., *borbonicus*, Brav.).

(1) *Paléontologie de la France*, par M. d'Archiac, 1868. (*Recueil de rapports sur les progrès des lettres et des sciences en France.*)

Proboscidiens. — 2 : *Mastodon arvernensis*, Croiz. et Job. (*M. Brevirostris*, Gerv.) ; *M. Borsoni*, Hays (*M. arvernensis* vieux, Gerv. ; *Vellavus*, Aym. ; *Vialetti*, id.?) du type du *M. tapiroides*, Cuv.

Pachydermes périssodactyles. — 2 : *Rhinoceros (Atelodus) elatus*, Pom. ; *Tapirus arvernensis*, Croiz. et Job.

Pachydermes arctiodactyles. — 1 : *Sus arvernensis*, Croiz. et Job. (*Sus provincialis*, Gerv.?).

Ruminants. — 15 : *Cervus Perrieri*, Croiz. et Job. ; *C. issiodorensis*, id., id. ; *C. Etueriarum*, id., id. ; *C. pardinensis*, id., id. ; *C. rusoides*, Pom. (*C. Etuarium*, var. Croiz.) ; *C. (anoglochis*, s. g.) *ardeus*, Croiz. et Job. ; *C. cladocerus*, Pom. ; *C. ramosus*, Croiz. et Job. (*C. polycladus*, Gerv.) ; *C. cusanus*, id., id. ; *C. leptocerus*, Pom. ; *C. platycerus*, id. ; *C. furcifer*, id. ; *Bos elatus*, Croiz. ; *B. elaphus*, Pom. ; *Antilope antiqua*, id.

Dans cette faune composée de 18 genres de mammifères comprenant 40 espèces, on a fait remarquer la prédominance des ruminants et des carnassiers, ceux-ci étant représentés par de nombreux felis. « C'est en général, dit M. d'Archiac, le caractère des faunes de cette période, contrairement à celui des faunes précédentes : elle n'a présenté encore ni oiseaux, ni crocodiliens, ni chéloniens, ni lacertiens ; c'est d'ailleurs un des types les plus complets des mammifères de la faune de cet âge, et l'un des plus authentiques par sa position géologique. »

On y remarque en même temps un grand nombre de débris végétaux ; ce sont : des troncs d'arbres, des branches ou des empreintes de branches qui offrent une disposition singulière sur laquelle Croizet et Bravard avaient appelé l'attention. Ils sont enchevêtrés et renversés dans toutes les directions. Si les racines sont engagées dans le limon fossilifère, les parties supérieures pénètrent dans les conglomérats qui reposent immédiatement sur la couche à ossements.

Les *conglomérats ponceux* forment à eux seuls presque toute la colline. Adossés de Pardines à Sauvagnat, au basalte qu'ils recouvrent en quelques points, ils ont comblé tout ce vaste cirque et formé cette colline qui n'existait pas avant eux.

On peut étudier leur disposition dans la *Monographie* de Perrier, où Bravard a donné la coupe des onze ravins cités plus haut. On remarque dans l'épaisseur de ces tufs deux couches de cailloux roulés, mêlées de sable, assez irrégulières. On a trouvé dans l'inférieure un fragment de proboscidien indéterminable, et dans les deux quelques rares débris de végétaux. Ces deux couches, très-visibles dans les ravins qui surmontent le village de Perrier, paraissent en ce point avoir été dérangées par une éruption volcanique postérieure. On croirait y reconnaître une faille qui les a coupées en affaissant la portion orientale des couches. Sur le trajet de la faille, on observe quelques fragments de lave moderne, quelques scories, et la présence d'un dépôt thermal qui a coloré les conglomérats en rouge.

C'est là qu'est le gisement des minéraux précieux à l'état de petits cristaux ou de poussière cristalline. Ce sont des zircons, des hyacinthes, du quartz en cristaux très-petits, bipyramidés, des tourmalines de couleur noire ou vert-poireau, de l'émeraude, des topazes en cristaux réguliers, et du fer titané ayant l'aspect et l'éclat métalliques (1).

Il semblerait que la formation de ces gemmes fût due à l'action d'émanations volcaniques qui auraient réagi sur les éléments des conglomérats. Elles seraient alors d'ori-

(1) Voyez Ladevèze et Bouillet (*Essai géologique et minéralogique sur les environs d'Issoire*).

gine toute récente, mais ce phénomène curieux mérite d'être étudié.

Viennent enfin *les alluvions récentes*, dans lesquelles on a découvert la faune dite : faune supérieure de Perrier.

Elles gisent soit directement sur les conglomérats, à l'extrémité du plateau de Boulade, par ex., soit dans le fond de la vallée où elles n'ont pu être déposées qu'après la formation des conglomérats. Leur postériorité est incontestable. C'est à Tormeil, aux Peyrolles, à Malbattu, etc., que l'on a découvert les éléments de cette faune, dont voici encore la liste d'après M. Pomel :

INSECTIVORES. — 1 : *Erinaceus major*, Pom.
CARNASSIERS. — 2 : *Ursus spelæus*, Cuv.: *Hyæna brevirostris*, Aym.
PACHYDERMES. — 5 : *Elephas meridionalis*, Nesti.; *Rhinoceros leptorhinus*, Cuv.; *Tapir*; *Equus robustus*, Pom. *Hippopotamus major*, Cuv.
RHUMINANTS. — 4 : *Cervus ambiguus*, Pom; *C. macroglochis*, id.; *Capra Rozeti*, id.; *Bos priscus*, Schloth.

Elle comprend 11 genres et 12 espèces, ainsi que des races de végétaux indiquant le voisinage d'une forêt.

Tel est l'ensemble des couches qui forment cette curieuse montagne. Les conglomérats ponceux qui vont maintenant faire l'objet spécial de notre étude y sont développés sur une épaisseur moyenne de 150 mètres.

Quelque sérieuse qu'ait été l'étude que l'on en a faite, on n'a jamais signalé que quelques-uns de leurs caractères; la plupart sont passés sous silence ou méconnus, car ils sont en contradiction complète avec les théories qui ont été imaginées sur leur provenance.

ÉTUDE DES CONGLOMÉRATS.

C'est une accumulation incroyable de cailloux et de blocs de nature diverse, de provenance étrangère. Ils sont cimentés par un limon jaunâtre, désigné jadis sous le nom de tuf, et qui constitue à lui seul la majeure partie de la formation : se délayant facilement dans l'eau, il est entraîné par l'action de la pluie ; il laisse libres sur place les cailloux, les graviers et le sable qu'il enveloppait. Aussi voit-on, en explorant la montagne, quantité de blocs disséminés à la surface du plateau ou servant de bordure aux chemins.

VOLUME DES BLOCS. Leur volume est souvent assez considérable. Les blocs d'un mètre cube se comptent par milliers, mais il en est qui atteignent des proportions prodigieuses. Ceux-ci paraissent cantonnés dans les ravins de Perrier. Bravard en a cubé un qui mesure plus de 6,000 mèt. cubes. Dans l'avant-dernier ravin qui est au-dessus du village de Perrier, M. Rousseau-Florence et nous, avons mesuré un bloc de trachyte niché vers le sommet et qui nous a donné 27 mèt. de circonférence.

Du reste, les blocs d'un moindre volume ne sont pas rares ; la plupart, en effet, ont la grosseur de la tête, du poing, et s'atténuent insensiblement jusqu'à constituer le limon lui-même. Ce limon à l'œil nu présente en miniature la même constitution que la montagne : à la loupe, il en est encore ainsi. Ce n'est pas un dépôt vaseux, c'est une brèche microscopique, comme la colline elle-même n'est qu'une brèche gigantesque.

ANGLES. — Ces blocs présentent un caractère des plus
étonnants et d'une constance absolue, qui avait frappé
Bravard. Ils sont tous anguleux. Quel que soit le point
de la formation où on les prenne, dans la profondeur
de la masse aussi bien qu'à la surface, quel que soit leur
volume, depuis le grain de sable, depuis le caillou d'une
grosseur médiocre jusqu'au bloc Bravard, tous présentent ce caractère. Ils ont les angles vifs, les arêtes
fraîches, l'aspect fragmentaire. *Pas un n'est roulé ;* nous
avons donc eu raison de comparer cette curieuse formation à une brèche.

STRIES. — C'est la découverte de stries à la surface
de ces blocs qui nous a fait connaître leur véritable origine. En effet, si l'on gravit le ravin des Étouaires, on
ne tarde pas à remarquer à droite et à gauche les stries
qui en sillonnent un grand nombre. Le sentier du ravin
s'élève jusqu'au sommet, traverse les plateaux de Perrier et de Pardines, et ne s'arrête qu'à ce dernier village. Les habitants, pour débarrasser le sol cultivé des
pierres les plus gênantes, en ont transporté la plupart
le long des limites de leurs champs, mais surtout le long
du chemin de Pardines. Ainsi, de chaque côté, sur une
longueur de 2 kilomètres, s'élève une double file
d'énormes blocs. La plupart sont striés ou cannelés.

Comme leur nature est différente, car ils présentent
la collection complète des roches du Mont-Dore ou de
la vallée, ils présentent aussi toute la variété de stries
possible.

Les basaltes compactes, à pâte fine, ont des stries
d'une admirable finesse et d'une rectitude parfaite; elles
se détachent d'autant mieux que toujours la surface des

blocs est recouverte d'une sorte de pâtine jaunâtre. On pourrait croire, au premier abord, que cet aspect limoneux est dû au ciment qui empâtait jadis les blocs devenus libres. Il n'en est rien; cette pâtine est profondément incrustée dans la roche; rien ne peut l'enlever. Nous avons essayé des lavages successifs ou des frottements énergiques sans pouvoir la faire disparaître; elle est devenue partie intégrante des blocs; elle fait corps avec eux. Bien mieux, elle présente, surtout à l'extrémité des stries, de petits fragments anguleux, presque microscopiques, cristallins, enchâssés dans la pâtine.

Les trachytes à pâte porphyroïde, rudes au toucher, sont striés avec moins de finesse : leurs stries sont plus grossières, quelquefois très profondes, et indiquent un agent très-puissant. Comme les précédentes, la pâtine les recouvre dans les mêmes conditions.

Ces stries ne sont pas toujours parallèles; elles se coupent volontiers sous divers angles. Elles sont parfois d'une longueur considérable et traversent d'un bord à l'autre une face de ces blocs. Le plus souvent, elles affectionnent un angle ou une arête qui, dans ce cas, présente l'empreinte puissante du burin. Les angles sont abattus, usés, comme le feraient des coups de lime répétés. Les arêtes sont émoussées, échancrées; quelquefois elles disparaissent pour faire place à une surface de truncature. Mais, de même que les faces naturelles du bloc ainsi travaillé, cette face artificielle est couverte de la pâtine qui incruste les autres.

Les granites et les quartz sont assez fréquents sur le plateau et dans la magnifique allée de Pardines; ils ont aussi un facies particulier. Toujours anguleux, comme nous l'avons déjà dit, les granites sont souvent cannelés, jamais striés. Les cannelures sont larges, profondes, parallèles en général. Ce sont, on peut le dire, de véritables coups de gouge. — Ils sont usés, parfois polis, comme s'ils avaient été laminés : ces surfaces polies, qui sont très-rares, mais que nous avons constatées, et que les naturalistes pourront retrouver sans quitter le chemin de Pardines, ne peuvent se confondre avec des plans de clivage. Il suffit de faire jouer la lumière à leur surface, et de les observer sous un angle convenable pour saisir nettement la preuve d'un polissage.

On retrouve les mêmes caractères sur toute l'étendue du plateau, aux Etouaires et à Boissat. Mais dans les ravins de Perrier, il n'en est plus de même. Les blocs qui conservent toujours leur forme anguleuse et fragmentaire ne sont pas striés. Cela nous surprit d'abord, mais l'explication en est facile, et quand nous parlerons de l'agent qui a transporté ces matériaux, nous donnerons la raison bien simple de ce fait particulier.

ARRANGEMENT. — Quelques mots suffisent pour représenter l'arrangement des blocs : ils sont disposés dans toute leur masse sans distinction de volume ou de densité. On peut le constater dans les ravins profonds dont les flancs montrent à nu la structure de la colline.

Dans les ravins de Perrier, le limon est en masse plus considérable que dans les autres. Il est fortement tassé, compacte ; il faut le pic pour en détacher des échantillons. Aussi les habitants de Perrier ont-ils construit des habitations dans son épaisseur. Il existe encore de longues galeries, se prolongeant dans l'intérieur de la colline, qui, pendant les guerres de religion, servaient de refuge aux vaincus.

Les orages en démolissent incessamment les flancs; l'eau délaye le loess et l'entraîne au bas de la vallée, creusant ainsi une multitude de rigoles et de ravines qui amènent des éboulements considérables.

Mais le limon tufacé qui se trouve protégé par les blocs plus volumineux se dessine peu à peu en aiguilles de plusieurs mètres de hauteur, qui accidentent d'une façon pittoresque les pentes des ravins. Ces aiguilles supportent toutes un bloc plus ou moins volumineux qui dépasse de tous côtés son piédestal. Ces blocs, inclinés du côté de la vallée, menacent à chaque instant de s'écrouler. Le tout rappelle d'une manière frappante ces aiguilles qui émaillent la surface des glaciers, et qui supportent les blocs désignés sous le nom de *tables*.

Dans les ravins de Boissat, des Etouaires, etc., le limon est moins tassé; il est facilement entraîné par les eaux pluviales. Les blocs sont plus ou moins libres, et leur position ne cesse pas d'être irrégulière.

Vides. — Dans ces derniers ravins, spécialement, les cailloux laissent entre eux des vides que l'on peut découvrir en enlevant avec précaution les galets, ou dans lesquels on peut facilement enfoncer une canne. Ce fait se reproduit à toutes les hauteurs, de la base au sommet des conglomérats.

Lorsque nous parlerons de l'extension des tufs ponceux dans le Puy-de-Dôme, à Orcet, au Puy-Saint-Romain, nous observerons les mêmes vides irréguliers et les mêmes stries. Les eaux d'infiltration en ont rempli un grand nombre; ils sont comblés, surtout à la base de la formation, par des enduits alternatifs d'ocre, d'argile et de chaux carbonatée en cristaux métastatiques.

Ce remplissage et ces vides, qui avaient préoccupé Bravard, ont été bien décrits par M. H. Lecoq, mais ces deux observateurs n'ont pu en donner une explication rationnelle.

MINÉRALOGIE. — Examinons maintenant la composition minéralogique et la provenance des blocs qui nous occupent. Nous avons étudié pour cela la constitution de la vallée et de la partie du Mont-Dore qui la domine, en nous aidant de la magnifique carte publiée par M. Lecoq.

La nature des Roches qui forment la vallée de la Couze est extrêmement variée.

Le Mont-Dore est formé d'un entassement de coulées, de filons trachytiques et de conglomérats volcaniques.

A partir de Besse jusqu'au débouché de la vallée, les plateaux basaltiques se succèdent sans interruption, offrant individuellement une composition minéralogique et des caractères physiques différents.

Trachytes et basaltes ont percé le granite qui forme le soubassement du Mont-Dore, ce même granite qui, enseveli de Sauriers à Issoire sous le calcaire miocène, reparaît à Boulade, où nous l'avons désigné sous le nom de protogyne.

On retrouve dans les conglomérats l'ensemble de ces roches : le granite, surtout abondant dans les parties inférieures ; le quartz, dont les filons multipliés découpent en tous sens les terrains cristallins ; des fragments de calcaire, et surtout la série entière des basaltes et des trachytes.

On peut quelquefois déterminer avec précision la coulée ou le filon d'où ils ont été arrachés. Le trachyte à pâte lie de vin, exploité pour constructions à Besse, y est largement représenté. De même pour celui de Sancy, du Puy-Ferrand, facile à reconnaître. Les basaltes de Chambourguet, de Montredon, de Saint-Victor, de Saint-Pierre-Colamine, s'y sont également donné rendez-vous.

Chose importante à signaler : c'est *l'absence totale de fragments de lave moderne*, bien que la coulée de Mont-chalm s'étende du lac Pavin jusqu'à Sauriers.

La nature a créé là, pour ainsi dire, un musée de toutes les roches qui encaissent cette vallée. Ce dépôt de conglomérats est donc éminemment erratique.

Les blocs gigantesques sont tous trachytiques, et ont ainsi parcouru plus de 25 kilomètres qui séparent Perrier du Mont-Dore. Nous citerons en particulier un basalte remarquable par son éclat résineux, et la présence dans ses vacuoles d'un enduit mamelonné de phosphate de fer vert et bleu. C'est, si nous ne nous trompons, le premier exemple connu de ce minéral dans une roche éruptive. Peut-être, si ce fait se généralise, expliquera-t-il en partie la fertilité de la Limagne, si riche en coulées basaltiques ?

Mais il est des roches dont l'origine est inconnue. Nous citerons en particulier les ponces, qui, depuis le siècle dernier, ont servi à désigner ces conglomérats. Elles abondent à Perrier. Les échantillons que nous avons recueillis présentent une série de nuances entre la véritable ponce et la variété d'obsidienne désignée par Brongniart sous le nom de stigmite porphyroïde. Les stigmites non altérées renferment des cristaux blancs d'albite. Elles deviennent insensiblement fibreuses et passent à la véritable ponce. On les retrouve, du reste, dans les conglomérats d'Orcet, du Puy-Saint-Romain, et sous forme alluvionnaire dans les puys domitiques des monts Dômes.

Il est incontestable, malgré l'ignorance où l'on est de leur gisement, qu'elles viennent du Mont-Dore. On cite, en effet, des filons de stigmite au ravin de l'Usclade, près de la Bourboule. M. Léon Chabory a récemment découvert un gisement de ponces sur les flancs du Puy-Gros, à l'entrée de la vallée des Bains.

Quelques trachytes et certains conglomérats ont également une origine inconnue, soit qu'ils proviennent de coulées qui ont disparu, emportées complétement par l'agent destructeur, soit que leur gisement soit enfoui sous des alluvions plus récentes, ou masqué par la végétation.

Enfin, comme dernier trait, rappelons les troncs d'arbres dispersés dans les couches les plus inférieures, et ceux, plus rares, qui se trouvent dans les deux couches de cailloux fluviatiles intercalaires, dont nous avons parlé plus haut, et l'on aura l'étude complète de ces conglomérats.

———

Maintenant que la structure et les caractères de ces dépôts nous sont connus, nous allons jeter un coup d'œil sur les théories que l'on a imaginées pour expliquer leur origine.

La plus ancienne est celle de M. le capitaine Rozet. Il attribuait la formation de cette colline à une démolition sur place par suite de tremblements de terre, de roches trachytiques préexistantes. Nous ne rappelons que pour mémoire, et à titre historique, cette idée abandonnée depuis longtemps.

Bravard, dans sa *Monographie de Perrier*, explique la nature des conglomérats par l'arrivée de torrents boueux descendus du Mont-Dore à l'époque des éruptions trachytiques dont cette contrée a été le théâtre.

L'hypothèse de Bravard est réduite à néant par la fixation aujourd'hui bien déterminée de l'âge du trachyte, et, en outre, par l'incompatibilité des effets que pourrait produire un fleuve de boue avec les caractères que présentent les conglomérats.

En effet, la formation du Mont-Dore, que Bravard rapporte à l'époque pliocène supérieure, s'est effectuée vers la fin du tertiaire miocène. Une série d'observations délimite son début et sa terminaison.

Les couches trachytiques les plus anciennes recouvrent les assises à Hipparion, récemment découvert par M. Rames dans le Cantal (*Compte-rendu des Sociétés savantes*, année 1865). L'Hipparion, comme on sait, retrouvé à Pikermi, à Cucuron, etc., caractérise les dépôts miocènes supérieurs; d'autre part, les basaltes recouvrent, en particulier dans le Puy-de-Dôme, les dernières nappes de trachyte, marquant la fin des phénomènes volcaniques qui ont modifié si énergiquement le relief du plateau central.

Or, le banc de cailloux fluviatiles à ciment rouge, qui supporte la belle faune pliocène inférieure, renferme à la fois et des trachytes, et des phonolithes, et des basaltes.

Le Mont-Dore, le Cantal, le Mezenc, ces trois vieux volcans du centre, étaient donc depuis longtemps éteints quand l'agent qui transportait au loin les conglomérats ponceux exerçait son activité.

La période pliocène qui sépare les deux phénomènes

a été d'une durée immense, puisqu'elle a vu s'accomplir non-seulement le développement de la Faune qui gît à Perrier, mais encore l'évolution lente des espèces marines si bien étudiées dans d'autres bassins.

L'erreur chronologique dans laquelle est tombé Bravard a, depuis longtemps du restè, disparu de la science, et l'âge des conglomérats est rapporté par tous les géologues actuels à la fin de la période pliocène inférieure.

On peut encore moins invoquer, à l'époque des conglomérats, un réveil volcanique, car le rayonnement des tufs ponceux autour du Mont-Dore nécessiterait l'ancienne existence d'un circuit de volcans dont on n'a jamais découvert la moindre trace.

D'ailleurs, en laissant hors de cause l'origine des torrents de boue, les caractères de Perrier sont-ils de nature à justifier cette provenance? Nous ne le croyons pas. Bravard n'avait imaginé la boue que pour expliquer le transport des énormes monolithes de Perrier et leur forme anguleuse qui l'embarrassait singulièrement. Sa théorie ne lui paraissait guère suffisante, car il a eu la loyauté d'exprimer des doutes sur sa valeur. Mais les autres caractères lui avaient échappé, et ceux-ci sont incompatibles avec les effets possibles d'un tel agent.

Que le transport par la boue explique, si l'on veut, l'énormité des blocs, leur aspect fragmentaire, la pâtine qui les recouvre, leur disposition spéciale, et, à la rigueur, la présence des ponces retenues dans le magma, il n'expliquera jamais les stries, les cannelures, les polissages qui sont l'œuvre d'un autre agent.

La théorie de l'abbé Croizet est entachée de la même

erreur chronologique ; mais, au lieu de faire surgir des torrents de la profondeur, il les puisait dans l'atmosphère. D'après lui, les conglomérats étaient le produit d'orages violents provoqués par l'éruption trachytique. Il est vrai que l'énormité des blocs de Perrier ne l'embarrassait pas moins que Bravard. Nous pourrions admettre *a priori* la possibilité de trombes pareilles; mais il nous resterait à nous demander si les caractères intimes de cette formation s'accordent avec un transport fluviatile.

La théorie des causes actuelles naissait à peine en 1828, et leurs effets étaient peu connus. C'est ce qui nous explique les tendances au merveilleux que nous trouvons dans tous les écrits du commencement du siècle. Aujourd'hui rien n'est plus certain, rien n'est mieux acquis à la science que les effets de l'eau en particulier. Cette connaissance est due à la longue discussion qui a été provoquée par la mémorable découverte de Charpentier.

Si les conglomérats étaient d'origine torrentielle, ils présenteraient les mêmes caractères que la couche de cailloux roulés qu'ils recouvrent; or, ces caractères sont complétement différents, et, sans parler des stries que Croizet n'avait pas remarquées davantage, il ne pouvait nullement expliquer l'état fragmentaire, la vivacité des arêtes et l'arrangement morainique des conglomérats. En particulier, la présence des ponces à elle seule suffisait à le réfuter catégoriquement. Comment ces matériaux légers n'auraient-ils pas été entraînés au loin, dispersés par des torrents aussi rapides, aussi impétueux que ceux qui étaient nécessaires pour charrier les gros blocs ?

Aussi Bravard, qui connaissait cette théorie, n'avait-il jamais voulu l'admettre.

La troisième théorie, celle de M. Lecoq, ne peut résister davantage à un examen attentif.

C'est dans une publication récente (*les Périodes géologiques de l'Auvergne*, 1867, tome III) que M. Lecoq a développé son système. Comme Bravard, il fait remonter l'origine des conglomérats à l'époque des éruptions trachytiques du Mont-Dore ; mais il la place avant la sortie des basaltes, en se fondant sur la présence des trachytes dans ces conglomérats et sur leur subordination au basalte de Pardines. Il considère donc les conglomérats comme miocènes.

Alors, suivant l'auteur de cette théorie, le lac qui remplissait le bassin d'Issoire, et au sein duquel se déposaient les dernières couches calcaires miocènes, existait encore, ceci se passant à une époque où la vallée de l'Allier et la rivière qui l'arrose n'étaient pas encore formées. Les éruptions trachytiques étaient accompagnées d'un cortége effrayant de secousses terrestres, de nuages de vapeur retombant en pluies torrentielles sur les flancs du cratère, de déjections de cendres, de scories, de ponces, et de fleuves d'eau qui s'élançaient dans les vallées des Couzes. Ces ponces, épaississant les eaux, les transformaient en véritables torrents boueux. Elles pouvaient alors transporter ces blocs énormes dont nous avons parlé, et la vitesse augmentant avec la densité, la masse avait bientôt assez de force pour traverser les eaux profondes du lac sans s'y mêler et couvrir les sommets granitiques qui le bordaient à l'est. Mais bientôt les eaux du lac reprenaient leur empire. Le torrent boueux se délayant dans l'eau, les blocs se déposaient les premiers ; les ponces flottant plus longtemps en raison de leur légèreté spécifique se déposaient à leur tour, et le calme se faisait jusqu'à une nouvelle éruption.

Telle est la succession compliquée des phénomènes imaginés par M. Lecoq. Il admet trois cataclysmes semblables qui auraient formé les trois amas superposés de Perrier.

Le savant professeur réédite l'erreur de ses deux devanciers en proclamant le synchronisme des conglomérats et du Mont-Dore. Cependant il y a entre eux cette différence que Bravard et Croizet rajeunissaient le Mont-Dore en le faisant pliocène supérieur, et que M. Lecoq vieillit les conglomérats en les reculant jusqu'à l'époque miocène.

D'autre part, loin d'être subordonnés au basalte de Pardines, les conglomérats y sont adossés, et même ils le recouvrent (1). On ne peut donc contester que leur formation soit postérieure, et par conséquent d'une date beaucoup plus récente que celle qui leur est assignée par l'éminent naturaliste.

A l'époque des conglomérats, le lac d'Issoire n'existait plus, les vallées étaient déjà creusées ; nous en avons comme témoin la couche à cailloux rouges dans les vallées qui aboutissent à l'Allier et dans la vallée de l'Allier elle-même, où cette couche gît au-dessous du lambeau des conglomérats du Puy-Saint-Romain. Elle représente à cet endroit l'ancien lit de l'Allier,

____

(1) Nous avons vu du reste les blocs de basalte former la majeure partie des conglomérats et du lit fluviatile pliocène, qui leur est subordonné.

comme elle représente à Perrier l'ancien lit de la Couze.

Si d'ailleurs ces matériaux s'étaient déposés dans un lac, leur arrangement s'y fût fait suivant les lois de la pesanteur; ils se seraient réellement stratifiés. Les blocs énormes, loin d'être au sommet, se trouveraient au fond, et toutes les ponces, le gravier et le limon en formeraient la partie supérieure. Nous avons vu qu'il n'en est pas ainsi. Leur disposition s'oppose formellement à l'intervention de l'eau. L'apparence de stratification que l'on remarque dans les ravins de Perrier, et qui a fait croire à M. Lecoq qu'il y avait eu là trois éruptions, est due à l'intercalation des deux bancs de cailloux torrentiels dont nous expliquerons la présence.

Tel est le résumé succinct mais fidèle des hypothèses qu'a fait naître l'étude de cette intéressante formation. Il était bien difficile à la plupart des naturalistes d'en connaître la véritable origine et d'en saisir nettement les caractères d'une nature si spéciale.

En 1828, alors que l'abbé Croizet et Bravard qui avaient étudié ce bassin avec tant d'amour, publiaient leurs œuvres qui ont jeté sur l'Auvergne un si vif éclat, en 1828, disons-nous, l'ancienne extension des glaciers n'était pas connue.

Révélée en 1815 à de Charpentier, par Jean Perraudin, le chasseur de chamois, cette idée avait mûri pendant vingt années dans l'esprit de ce savant, car il ne la publia qu'en 1834 (*Mémoire de de Charpentier à la Société helvétique réunie à Lucerne*), et il a fallu les travaux remarquables des Agassiz, des Desor, des Collomb, des

Ch. Martins et de tant d'autres géologues, pour que cette idée féconde prît enfin dans la science le rang qui lui était dû.

Les recherches que nous avions entreprises en commun avec M. Laval, nous avaient dès 1867 mis sur la trace d'anciens glaciers dans les environs de Clermont. Nous pensâmes alors que Perrier avait peut-être une origine semblable. Nous rappelant la présence mal expliquée de blocs énormes et de fragments anguleux, nous dirigeâmes notre attention vers l'étude de cette colli ne.

Nous y trouvâmes l'ensemble le plus complet des caractères que nous avions pressentis. Pénétrés alors de l'importance de cette découverte, nous avons fait une étude approfondie des conglomérats. Le livre de Bravard à la main, nous avons parcouru cette région dans tous les sens ; scrutant chaque ravin, interrogeant chaque caillou, réfutant pas à pas toutes les théories émises, ne laissant derrière nous aucun fait sans en avoir trouvé l'explication rationnelle, et après des recherches multipliées, nous proclamons hautement *l'origine glaciaire des conglomérats ponceux de Perrier.*

Quel autre agent qu'un glacier, en effet, pourrait donner la raison des caractères que nous avons fait connaître dans cette partie de notre travail ? L'arrangement morainique, la forme fragmentaire des blocs, leurs stries, leur burinage, leurs polis, les vides qu'ils laissent entre eux, la pâtine qui les incruste, le mélange de ponces et de roches pesantes, la disposition enfin de la forêt qui est à la base.

La fréquence des cailloux burinés à la partie N. et

leur absence dans les ravins qui dominent le village de Perrier, se comprennent aisément avec notre système. Dans le premier cas, le glacier frottait sur la ligne de faîte des vallées, il avait une épaisseur considérable, et la majorité des blocs qu'il apportait devait être striée. Dans la vallée, au contraire, la glace s'écoulant sans obstacle, devait déposer des blocs intacts, et ils étaient d'autant plus volumineux que l'épaisseur de glace était plus considérable, la vitesse plus grande, et que le poids même de ces blocs devait dans le trajet les entraîner vers l'axe du glacier.

Les deux couches irrégulières de cailloux roulés qui déterminent l'apparence de stratification, sont les témoins et le produit d'une fusion deux fois répétée du glacier.

Perrier est donc le résultat de trois extensions glaciaires. Il est formé par trois moraines profondes superposées d'une épaisseur moyenne de 50 mètres chacune environ.

La connaissance de l'origine vraie de ces conglomérats disséminés tout autour du Mont-Dore est de la plus haute importance.

Si l'on se rappelle en effet que la faune à *Elephas meridionalis* est renfermée dans des alluvions très-nettement superposées aux conglomérats, on saisira l'intérêt capital que nous avions à approfondir cette étude et à ne laisser aucune incertitude sur le transport par les glaces. Perrier en effet, les collines d'Orcet, les blocs erratiques de Saint-Romain, du Puy-de-Mür sont les témoins d'une période glaciaire que l'on n'avait jamais soupçonnée en France.

C'est alors que, rapprochant successivement tous les phénomènes produits vers cette époque, qui malgré tant de recherches, est encore si obscure, comparant les faunes de cet âge avec les deux ossuaires de Perrier, établissant la coïncidence des phénomènes diluviens avec le paroxysme survenu dans le creusement des vallées de la Couze, après l'apport des conglomérats et avant le dépôt des alluvions à *El. meridionalis*, nous avons vu se lever peu à peu toutes les incertitudes, disparaître tous les doutes. Toute la période comprise entre l'époque pliocène inférieure, et la période du Mammouth, s'est éclairée à nos yeux d'une vive lumière.

Nous avions encore un autre point de repère dont nous n'avons pas parlé. Dans la vallée de la Couze d'Issoire, les conglomérats qui couvrent les hauteurs ne sont pas la seule formation glaciaire. Il en est une autre qui gît au fond de la vallée, en face même de Perrier ; c'est une moraine frontale qui à son tour vient recouvrir les alluvions à *El. meridionalis*.

Nous avons donc ici une succession des plus complètes et que nulle part on n'a pu retrouver dans des conditions aussi remarquables. Cette moraine frontale appartient à un glacier que nous décrirons dans la deuxième partie de notre thèse.

Les débris erratiques de cette deuxième extension ont été méconnus tout aussi bien que les conglomérats. Cependant les recherches de M. Pomel ont établi leur synchronisme avec la faune du Mammouth, c'est-à-dire avec la deuxième période déjà bien connue d'extension des glaciers.

Nous ne saurions trop insister sur les relations des

conglomérats ponceux avec les alluvions renfermant la faune à *El. meridionalis*. Ces alluvions gisent au pied de la colline, s'étalent sur les deux rives de la Couze, et se prolongent à l'Est vers la plaine d'Issoire. Une partie même de ces alluvions s'est formée aux dépens des conglomérats eux-mêmes.

Les localités principales où l'on a recueilli les éléments de cette faune sont : Les Peyrolles, groupe de maisons à l'entrée du village de Perrier, près de la route, la ferme de Tormeil, le domaine de Malbattu, etc. Ils ont été bien étudiés par M. Pomel, et leur postériorité aux dépôts ponceux nettement établie par lui.

Mais entre les deux formations s'intercale l'approfondissement de la vallée. La tranche de ces alluvions vient en effet, sur la partie gauche de la vallée, butter contre l'escarpement de la montagne qui montre à nu, au-dessus d'elle, et à pic, ses couches calcaires miocènes, les couches fluviatiles à *Mastodon Arvern. et Bors.*, et enfin toute l'épaisseur des conglomérats ponceux. Leur formation a donc été précédée du déblai général de la vallée jadis comblée par les conglomérats, puis d'un creusement exagéré qui a mis à découvert les couches inférieures pliocènes et miocènes de ses flancs. Ce paroxysme dans le creusement s'explique très-simplement par la fusion des énormes glaciers que faisait disparaître l'élévation graduelle de la température.

Ce creusement ne s'est pas arrêté là ; il a continué, mais les eaux moins fortes restreignaient leur action : le thalweg seul s'approfondissait de plus en plus, formant sur ses bords des terrasses que couronnaient les alluvions à *El. meridionalis.*

C'est pendant cette deuxième phase de creuscment que les glaciers s'avançaient de nouveau, et bientôt déposaient leur moraine frontale. Celle-ci coupée par la Couze, gît sur la rive droite, à peu près à égale distance entre le moulin Rigaud et le village de Meilhaud. Sa base est inférieure en altitude à celle des alluvions à *Élephas meridionalis*.

Pour nous résumer, nous allons donner, de haut en bas, c'est-à-dire de la période la plus reculée jusqu'à nos jours, le tableau de la succession des phénomènes qui se sont accomplis dans la vallée de la Couze d'Issoire :

1° Calcaire lacustre miocène.
2° Éruptions trachytiques et basaltiques.
3° Début du creusement de la vallée.
4° Dépôt fluviatile pliocène à cailloux rouges.
5° Développement de la faune à Mastodon Arvernensis et Borsoni.
6° 1ʳᵉ extension glaciaire plus puissante (2 épisodes de fusion).
7° Fusion générale. Paroxysme du creusement.
8° Alluvions à El. meridionalis.
9° 2ᵉ extension glaciaire (Elephas primigenius).

La position relative des conglomérats ponceux que nous avons signalés en Auvergne est identique à celle de Perrier. Ils sont, comme eux, toujours établis à une hauteur considérable au-dessus du niveau actuel des eaux. Ils forment la crête des lignes anticlinales des vallées qui aboutissent à la rive gauche de l'Allier, ou sont étagés sur les flancs des hauteurs qui bordent sa rive droite, toujours protégés en amont par des escarpements de basalte ou par des reliefs du sol, qui les ont garantis de la destruction à l'époque de la fusion générale.

On suit facilement leur continuité du Mont-Dore aux points extrêmes où ils constituent les restes des anciennes moraines frontales. Partout identiques dans leurs caractères principaux, ils ne varient que par l'adjonction ou l'absence de quelques roches plus spécialement cantonnées dans certaines vallées. Au-dessous d'eux on retrouve la couche fluviatile à cailloux cimentés par l'oxyde rouge de fer. Cette couche est un véritable horizon qui limite inférieurement les dépôts pliocènes.

Les traces des deux retraits s'observent aux collines d'Orcet et de Monton. Un aspect particulier, un tassement et un certain air de vétusté les distinguent des moraines plus récentes qui encombrent le fond des vallées. On croirait celles-ci déposées d'hier.

Cette première époque a donc eu une intensité incomparable. Les glaciers qui descendaient du Mont-Dore, débordant des vallées, se rejoignaient par-dessus les lignes de faîte, et à un moment donné, ils ont dû recouvrir d'un vaste manteau toute la région qui du Pic Sancy s'étend à l'horizon à une distance de 40 à 50 kilomètres.

Cette mer de glace n'a pas laissé de moraines latérales. Elle n'a laissé que sa moraine frontale circulaire et sa moraine profonde. Les torrents d'eau provoqués par sa fusion ont coupé dans tous les sens ce vaste dépôt erratique, approfondi les vallées, et définitivement isolé les uns des autres ces débris qui couronnent çà et là les hauteurs.

Nous avons maintenant l'explication tant cherchée de la période diluvienne, des érosions, des ablations et de tous les remaniements qu'elle a produits à la surface de l'Europe avant la seconde extension des glaciers.

II

Les recherches géologiques faites depuis de longues années nous ont fait connaître dans les régions voisines du pôle, en Amérique et en Europe, l'existence de deux périodes glaciaires : elles sont aujourd'hui généralement acceptées par les géologues.

En Europe, la première période, qui a laissé des traces dans les îles Britanniques et dans la Péninsule scandinave, a clos l'ère tertiaire ; elle a été précédée d'un soulèvement général de ces régions et d'une émersion qui a permis à l'Angleterre de s'unir à la Norwége.

Cette période glaciaire a été suivie d'un affaissement général aussi lent que l'exhaussement primitif et d'une élévation de température. C'est alors que se sont développées en Angleterre les forêts de Cromer et de Happisburg, et, en Scandinavie, les dépôts sableux, désignés sous le nom d'*oesars*.

A cette époque, survint un affaissement brusque de 500 mètres environ. Forêts et oesars furent submergés ; quelques sommets à peine, parmi les plus élevés, formaient un archipel au milieu de la mer du Nord, et les glaces flottantes, venues de l'arête scandinave, répandirent en Europe le grand Dépôt Erratique du nord de l'Oural aux Carpathes, aux monts de Bohême et à l'Angleterre. Un nouvel exhaussement se fit, et une seconde période glaciaire vint déposer ses moraines dans les vallées.

Pendant que ces phénomènes se passaient dans les régions septentrionales, l'Europe centrale subissait elle-

même une période de froid, et les vallées qui descendent
de ses massifs montagneux étaient envahies à leur tour
par d'énormes glaciers.

Quelles relations existaient entre l'unique période
glaciaire de nos contrées et la double période du Nord?
On l'ignorait encore au commencement de 1862. A cette
époque, une découverte importante vint jeter un peu de
lumière sur cette question; nous voulons parler des
faits observés dans le bassin de Zurich.

Depuis longtemps on exploitait, dans plusieurs localités de cette vallée, à Dürnten, à Utznach, à Unterwetzi-
kon, des charbons feuilletés recouverts par la moraine
profonde de l'ancien glacier de la Linth. Un incident
provoqua de la part des propriétaires le forage d'un
puits qui, traversant l'épaisseur de la couche, aboutis-
sait au sol sous-jacent. M. Oswald Heer reconnut que
ce sous-sol était de nature glaciaire, de telle sorte que
la masse ligniteuse était comprise entre deux moraines
profondes. Il en conclut immédiatement l'existence d'une
période glaciaire en Europe, antérieure à celle que l'on
connaissait, et il établit ainsi un synchronisme parfait
dans la succession des phénomènes géologiques en
Suisse et dans le nord de l'Europe. Pour lui, la première période glaciaire qui avait déposé la moraine inférieure du bassin de Zurich correspondait à la première période scandinave; la moraine superficielle à la
deuxième période, et il proclamait la contemporanéité
des charbons feuilletés suisses, de la forêt de Cromer et
des oesars de Suède.

Cette idée fut accueillie par les savants avec une
grande réserve; la plupart n'osèrent accepter les conclusions de l'éminent botaniste. Se fondant sur une lé-

gère différence entre les faunes enfouies dans le sol de
Cromer et dans les couches de Zurich, ils préférèrent ne
voir dans ce fait qu'un accident de retrait du glacier de
la Linth, qu'un épisode de la période glaciaire qu'ils
croyaient unique dans l'Europe occidentale. Cependant
M. Charles Martins, en particulier, se rangea aussitôt
à l'avis de M. Heer, et le fit publiquement dans un ar-
ticle remarquable, publié dans la *Revue des Deux Mondes*
(année 1867) (1).

Il y avait, en effet, une certaine apparence de vérité
en faveur de l'opinion contraire : cette découverte mémorable est unique; nulle part en Suisse, en France,
en Italie, en Allemagne, on n'a pu découvrir la moindre
trace d'une période glaciaire antérieure. L'époque diluvienne qui a précédé l'établissement de nos glaciers
a ravagé le sol, détruit ou remanié les terrains superfi-
ciels, et emporté sans doute les témoins de ce grand phénomène. En un mot, si quelques géologues sont pénétrés de l'existence d'une première période synchronique
de celle de Scandinavie, d'Angleterre et de l'Amérique
du Nord, aucune preuve matérielle n'a pu encore justifier leurs pressentiments. Le fait de Zurich est donc
isolé, unique, et n'a pu emporter la conviction.

La découverte de la vraie nature des conglomérats
ponceux d'Auvergne vient apporter cette preuve déci-
sive, et sanctionner les conclusions du botaniste de
Zurich.

(1) *Revue des Deux Mondes* (15 janvier, 1er février, 1er mars 1867).

Examinons, en effet, la nature des faunes de ces trois gisements :

CROMER (1).	ZURICH (2).	PERRIER (3).
Elephas meridionalis.	Elephas antiquus.	Elephas meridionalis.
— antiquus.	Rhinoceros leptorhinus.	Rhinoceros leptorhinus.
— primigenius.	Ursus spelæus.	Hippopotamus major.
Rhinoceros leptorhinus.	Cerf.	Tapir.
Hippopotamus major.	Bos priscus.	Equus robustus.
Sus scrofa.	Ecure il?	Ursus spelæus.
Ursus spelæus.		Hyæna brevirostris.
Equus fossilis.		Erinaceus major.
Bos priscus.		Cervus ambiguus.
Megaceros hibernicus.		
Cervus capreolus.		
Cervus elaphus.		
Cervus tarandus.		
Cervus Sedgwicki.		
Trogontherium Cuvieri.		
Castor Europæus.		
Cervus macroglochis.		
Capra Rozeti.		
Bos priscus.		

Il est facile de voir à l'examen de ce tableau que l'ensemble paléontologique est le même dans ces trois gisements. Le *rhinoceros leptorhinus* leur est commun ainsi que l'*hippopotamus major*. L'ours est le même, et les espèces qui manquent à l'un se retrouvent dans les deux autres. Si l'*El. meridionalis* manque encore à Zurich, il existe à Perrier et Cromer; si l'*El. antiquus* n'a pas été retrouvé à Perrier, en revanche, il fait partie de la faune de Cromer et de Zurich. Qu'on nous cite un étage, une assise géologique qui présente une identité plus complète. Il n'en est pas; et, bien que l'on ait à peine fouillé ces trois localités, l'identité des espèces similaires et

(1) Lyell. *Antiquité de l'homme*, tr. française, 1864.
(2) Oswald Heer. *Archives scientifiques de la Bibliothèque de Genève*, 1858.
(3) Pomel. *Catalogue méthodique et descriptif.*

l'ensemble zoologique qu'elles offrent doit déterminer à nos yeux leur synchronisme.

En particulier, la contemporanéité des faunes de Perrier et de Cromer est plus généralement acceptée que celle des faunes de Cromer et de Zurich.

Certains paléontologistes se refusent à admettre la contemporanéité de ces deux dernières en se fondant uniquement sur l'absence de l'*El. meridionalis* à Zurich. En cela, ils nous paraissent s'éloigner des vrais principes de la science. Peut-on, en effet, accorder à une simple espèce, une importance aussi capitale, surtout quant il s'agit de vertébrés ? Ils s'inspirent d'idées préconçues, de systèmes théoriques que, depuis longtemps, la vraie science a rejetés de son sein. On croyait jadis, dans l'ignorance où l'on était des conditions d'origine et de modification de la nature vivante actuelle, qu'une espèce pouvait servir de critérium à une époque géolologique. Des faits sans nombre sont venus détruire cette croyance, fille de la théorie des cataclysmes et des créations spontanées, qui a marqué le début de notre science.

Si l'on considère, en effet, la faune actuelle, nous avons appris depuis peu qu'elle se compose de trois éléments :

Des espèces déjà éteintes ;

Des espèces émigrées, soit dans les régions plus chaudes, soit dans les contrées du Nord, comme le renne, le bœuf musqué, certains oiseaux ;

Enfin, des espèces qui ont continué à vivre autour de nous.

L'étude de la flore a conduit les paléontologistes aux mêmes résultats. La flore actuelle des Alpes, en parti-

culier, compte parmi ses éléments des espèces quaternaires, et même des espèces tertiaires non modifiées,
exemple le rosage des Alpes. Rien ne nous autorise à penser qu'il n'en a pas toujours été ainsi. A quelque époque
qu'on les considère, les faunes et les flores, examinées
dans une région donnée, ont dû se comporter de même.
Ainsi, pour ne citer que des exemples saillants, le mastodonte, qui est tertiaire en Europe, a continué à vivre
en Amérique pendant la durée de l'époque quaternaire ;
le paléothérium, qui caractérise l'époque du gypse, vivait encore avec la faune du calcaire de Beauce dans le
Vélay. Enfin, l'homme lui-même, s'il faut en croire
l'abbé Bourgeois, a laissé ses dépouilles dans les couches miocènes de l'Orléanais.

Que cela dérange ou non les esprits systématiques,
que cela augmente ou non la difficulté des classifica-
tions, cette vérité n'en est pas moins définitive : que les
espèces se modifient lentement, selon les idées de Dar-
win, ou qu'elles apparaissent brusquement, le renouvel-
lement des faunes et des flores se fait d'une manière
lente et progressive, élément par élément, et toute espèce, pendant la durée de sa vie, en a vu disparaître
quelques-unes et naître d'autres qui se développeront
plus tard. Toutes les fois qu'on examinera des terrains
où la continuité des phénomènes biologiques n'a pas
été interrompue, soit par l'arrivée de la mer et le dépôt
de sédiments marins, soit par toute autre cause, on ar-
rivera toujours à cette conclusion.

Il ne faut donc pas accorder à l'*El. meridionalis*, plus
qu'à toute autre espèce, une importance exceptionnelle,
et en faire le critérium d'une époque. Il suffit que, de
part et d'autre, à Zurich comme à Cromer, comme à

Perrier, l'ensemble zoologique soit le même pour établir la contemporanéité géologique de ces dépôts.

Si nous comparons les flores, nous arrivons aux mêmes résultats :

CROMER.	ZURICH.	PERRIER.
Pinus sylvestris.	Pinus sylvestris.	Fraxinus Lecoquii (fruit).
Abies excelsa.	Abies excelsa.	Ulmus Lamothii (fruit).
Taxus baccata.	Taxus baccata.	Carpinus brachyptera (brac-
Prunus spinosa.	Larix europæa.	tées).
Alnus.	Acer pseudoplatanus.	Salix.
Quercus pedunculata.	Quercus pedunculata.	Quercus.
Menyanthes trifoliata.	Fagus sylvatica.	Buxus semper virens (colline
Nymphæa alba.	Corylus avellana.	d'Orcet).
Nufar luteum	Ulmus campestris.	Carex.
Ceratophyllum demersum.	Salix cinerea.	
Potamogeton.	Cornus sanguinea.	
Fagus sylvatica.	Menyanthes trifoliata.	
Corylus avellana.	etc.	
Ulmus campestris.		
Populus alba.		
Salix cinerea.		
Acer pseudoplatanus.		
Cornus sanguinea.		
Tilia grandifolia.		
Buxus sempervirens.		
Evonymus Europæus.		
Scolopendrium officinarum.		

Les flores de Cromer et de Zurich ont été déterminées par M. Oswald Heer. La flore des alluvions sus-ponceuses de Perrier a été découverte et étudiée par M. Pomel.

Ici, nous ne pouvons plus comparer les espèces entre elles, mais nous pouvons envisager le caractère général qui ressort de leur ensemble. Il révèle, dans ces trois régions éloignées, une identité de climat, de température, de conditions biologiques. Toutes les trois indiquent un climat froid et humide , évidemment dû au voisinage d'une période glaciaire qui vient à peine de disparaître.

Enfin, comme preuve définitive de notre thèse, la stratigraphie vient corroborer les inductions tirées de l'étude et de la comparaison des phénomènes de la vie. Si Cromer et Zurich reposent sur un terrain glaciaire, et sont recouverts par des dépôts ultérieurs de même nature, les alluvions de Perrier à *El. meridionalis* s'intercalent à leur tour entre les conglomérats dont nous avons démontré l'origine glaciaire et les moraines qui remplissent le fond de la vallée de la Couze.

Les charbons feuilletés de Zurich, la forêt de Cromer et les alluvions supérieures de Perrier sont donc contemporains. La faune enfouie dans ces gisements n'est pas pliocène. Elle n'est pas antédiluvienne ; elle est post-diluvienne et prend place au début de la période quaternaire.

Ce résultat irrécusable avait été pressenti par d'illustres paléontologistes. Ainsi, M. Pictet, de Genève, à la suite de considérations paléontologiques, n'avait pas hésité à accorder à cette faune le rang que nous lui assignons (*Archives scientif. de la Biblioth. de Genève*). Elle est pour lui l'aurore de la faune actuelle. Ainsi, M. D'Archiac paraissait disposé aux mêmes conclusions. Dans l'*Histoire des progrès de la géologie*, il l'avait considérée d'abord comme tertiaire supérieure. Plus tard, il la plaçait au début de l'époque quaternaire. Enfin dans la *Paléontologie de la France*, 1868, il l'a considérée comme une faune de transition entre la faune tertiaire à mastodontes et la faune quaternaire, auxquelles elle se rattache par des genres communs.

Appuyé sur cette base solide, nous pouvons pousser plus loin nos investigations, et rendre désormais leur vraie place à deux autres gisements célèbres, depuis longtemps considérés comme synchroniques de Perrier, ce sont : les faunes de Saint-Prest, près de Chartres, et du val d'Arno.

SAINT-PREST.	VAL D'ARNO.
Elephas meridionalis.	Elephas meridionalis.
Rhinoceros leptorhinus.	Elephas antiquus.
Hippopotamus major.	Rhinoceros leptorhinus.
Cervus Carnutorum.	Hippopotamus major.
Trois cerfs indét.	Cervus Arnensis.
Equus Arnensis ou Ligeris.	Equus Arnensis.
Trogontherium Cuvieri.	

La faune de Saint-Prest, découverte en 1848 par M. de Boisvillette et étudiée par MM. Laugel, Desnoyers et Ed. Lartet, est identiquement la même que celle de Perrier. Elle gît dans la vallée de l'Eure au sein d'un dépôt fluviatile, et a rendu célèbre le nom du savant bibliothécaire du Muséum, qui a découvert sur les fragments d'os qui la composent des traces de l'existence de l'homme à cette époque. Malgré l'absence de dépôts glaciaires en relation directe avec elle, l'identité zoologique doit la faire rapporter à la même époque que les trois précédentes, c'est-à-dire immédiatement après la période diluvienne, produit de la fusion des glaciers de première époque.

La faune du val d'Arno est ensevelie au milieu de conglomérats d'origine incertaine, et présente encore une identité complète avec les autres. Elle doit, zoologiquement, être reportée à la même période, et peut-être la connaissance que nous avons maintenant de notre première période glaciaire nous révélera-t-elle l'origine véritable des conglomérats. Les opinions les plus diverses ont été émises à ce sujet : les uns y ont vu le produit d'actions torrentielles ; d'autres le résultat d'éboulements. Chose singulière ! et qui donne à ces conglomérats un trait de ressemblance avec ceux de Perrier, restés si longtemps mystérieux, on y a signalé la présence de cailloux anguleux. Ne seraient-ils pas, comme eux, glaciaires ? Une induction logique nous porte à le penser, et si un examen prochain vérifie nos prévisions, nous aurons alors en Italie, en Suisse, en France, trois gisements qui porteront définitivement la conviction dans tous les esprits. S'il a fallu quarante ans pour que l'idée de de Charpentier fût acquise à la science, nous espérons que la première période glaciaire, son aînée dans le temps, aura moins longtemps à attendre.

A notre avis, il faudrait également rapporter à cette époque le remplissage de la couche inférieure de la grotte de la Baume, dans le Jura, et de la caverne de Kent, en Angleterre, où l'on a trouvé des débris de *Machairodus lutidens*.

Nous y joindrons encore les tufs à *El. antiquus* de Montpellier, si bien étudiés par M. Planchon, les tufs de Provence, dont la flore a été restaurée par M. de Saporta, et enfin ceux de Toscane, étudiés par Gaudin.

III

Il serait bien étonnant que, dans la masse d'observations que les études glaciaires ont fait recueillir, on ne trouvât pas des faits encore inexpliqués que l'on pût rapporter à notre première époque. Nous avons compulsé dans cet esprit les *Bulletins de la Société de géologie*, le recueil si intéressant des *Archives scientifiques de la Bibliothèque de Genève* et d'autres publications du même genre.

Nous avons retrouvé là des observations qui ont passé inaperçues ; d'autres, qui ont éveillé l'attention, mais que la science actuelle ne peut encore classer. Enfin nous avons été amené à envisager, sous un autre point de vue, des phénomènes qui, longtemps étudiés, paraissent au premier abord être définitivement établis, mais qui méritent d'être examinés de nouveau pour être mis en harmonie avec la découverte du plateau central.

Cette partie de notre travail offre donc un côté hypothétique qu'il ne faut pas perdre de vue, et n'est qu'un coup d'œil général jeté sur quelques faits que la science éclaircira dans un avenir prochain.

Voici les principaux de ces faits :

Vosges. — M. Collomb a cité jadis, disséminés à la surface des ballons des Vosges, des blocs erratiques qui sortent des limites des glaciers qu'il a si habilement restaurés.

Voici la citation textuelle tirée des *Preuves de l'existence d'anciens glaciers dans les Vosges*, 1847, page 141

« La troisième, ou ligne supérieure, est marquée dans nos montagnes par la présence de blocs à une hauteur considérable ; ainsi on rencontre des blocs métriques tout près des sommets les plus élevés, tels que le Ballon de Guebwiller, le Ballon d'Alsace, le Drumont, le Hoheneck, à près de 1,000 mètres au-dessus de la vallée ; ils sont arrondis, usés, d'une roche différente de celle qui les supporte ; ils ne sont pas striés, et paraissent excessivement anciens, à en juger par les érosions de la surface, érosions produites par le laps des siècles ; ils ne sont pas accumulés en grande masse ; ils sont très-espacés les uns des autres : leur distribution avec parcimonie fait qu'en suivant la ligne de faîte de la chaîne des Vosges, on parcourt souvent une distance de plusieurs kilomètres sans en rencontrer un seul ; puis on en trouve un amas d'une douzaine qui jonchent le sol pour cesser ensuite. A quelques centaines de pas d'un des sommets du Hoheneck, sur le versant occidental, ils sont répandus avec un peu plus d'abondance ; ils sont en granit, mais d'un grain tout différent de celui de la roche en place ; ils ne sont pas, du reste, accompagnés de menus débris, qui ne manquent jamais de suivre les blocs de la région inférieure.

« Ils ne proviennent pas d'éboulements supérieurs ; leur position sur des cols élevés ne permet pas cette supposition.

« Ils sont séparés de la seconde ligne par une zone de 500 mètres de largeur, où l'on ne rencontre que fort peu de blocs. Leur aspect extérieur est si différent de celui des blocs de la région basse, leur surface est tellement usée par le temps qu'il est difficile d'admettre que leur origine remonte à la même époque : ils datent peut-être du moment du soulèvement de la chaîne elle-même. »

« Leur transport par les glaces pourrait être sujet à contestation ; il faudrait dans ce cas supposer des glaciers d'une épaisseur et d'une puissance telles, qu'ils ne seraient pas restés enfermés dans l'enceinte étroite des vallées des Vosges ; ils auraient débordé dans la grande plaine du Rhin, et jusqu'à présent on n'y a pas trouvé de traces de leur passage. »

Il serait possible que ces blocs appartinssent à notre première période que l'on sait maintenant avoir été beaucoup plus puissante que la seconde.

PYRÉNÉES. — Dans leur étude sur l'ancien glacier de la vallée d'Argelès dans les Pyrénées (1). MM. Martins et Collomb ont reconnu des traces de la première époque glaciaire. Ainsi, au delà de la moraine terminale d'Adé, celle de toutes qui s'avance le plus loin dans la plaine de Tarbes, la plaine est nivelée et couverte de loess avec un banc de cailloux roulés dont l'épaisseur varie. Mais on rencontre encore un certain nombre de blocs granitiques peu volumineux épars à la surface du sol ou enfouis dans le loess ; les monticules isolés surgissant comme les témoins d'un déblai près du village de Jullian se composent d'un poudingue analogue à celui du parc de Pau et portent de gros blocs calcaires. En amont de Jullian, le chemin de fer coupe une arrête formée de terrain de transport qui mériterait un examen attentif. Enfin, partout sur le plateau de Lannemezan on trouve sur le trajet du chemin de fer de Tarbes à St-Gaudens

(1) *Bulletin de la Société géo'ogique*, 2ᵉ série, t. XXV, p. 141, et *Mémoire de l'Académie des sciences de Montpellier*, t. VII, p. 47, 1868.

et de Tarbes à Pau, des blocs souvent métriques de quarz, de quartzite et de granite provenant des Pyrénées ; ils sont anguleux ou irrégulièrement arrondis et abondants surtout aux environs de St-Gaudens. Autrefois on attribuait sans hésitation leur transport à l'action des eaux ; actuellement il est impossible de ne pas reconnaître l'action des deux agents et une preuve d'une extension des glaciers antérieure à celle qui a déposé les moraines superficielles des environs de Lourdes.

COLLINE DE TURIN. — On se rappelle la découverte que MM. Martins et Gastaldi ont faite de blocs érratiques disséminés à la surface de la colline de Turin. Ces blocs leur parurent d'abord d'origine glaciaire ; plus tard, M. Gastaldi revint sur cette opinion et attribua leur transport à un autre agent. M. Martins ne cessa de les considérer comme glaciaires. Cependant, bien que ce fait fût connu depuis longtemps, il restait toujours inexplicable. En effet, ces blocs sont comme les anciennes moraines frontales des Pyrénées, situées bien loin de la limite extrême que les glaciers de la seconde époque ont atteinte. Rien n'est mieux connu aujourd'hui, grâce surtout aux beaux travaux de M. de Mortillet, que l'ancienne extension des glaciers du versant italien des Alpes ; leur carte a été publiée : nul doute que ces blocs de Turin ne soient aussi les débris épars, les témoins dispersés de notre grand phénomène.

Le long des Alpes, comme le long des Pyrénées, on les retrouvera de la Méditerranée à l'Adriatique.

Les alluvions anciennes qui couvrent les plateaux lombards et qui supportent les produits de la période glaciaire, ne seraient-elles par les anciennes moraines profondes remaniées peut-être par les eaux diluviennes de nos glaciers de la première époque dont les blocs de Turin formaient la moraine frontale?

GLACIER DU RHÔNE. — La plupart des géologues n'ont pu distinguer deux époques dans les dépôts laissés par l'ancien glacier du Rhône. Il est cependant très-probable qu'elles existent.

Quelques observateurs du pays ont remarqué la différence d'aspect des moraines terminales qui couvrent le sol français de Bourg à Lyon, et des moraines plus rapprochées de Suisse, que l'on voit dans les environs de Lagnieu, par exemple. Ces dernières paraissent récentes et fraîches, tandis que la grande ligne morainique extrême présente cet air de vétusté, ce tassement que l'on a signalés soit dans les conglomérats d'Auvergne, soit dans les moraines d'avant-garde des Pyrénées.

Derrière les moraines extrêmes, gît le conglomérat bressan, surmonté du limon jaune à *elephas primigenius*. Qu'est-ce que ce conglomérat? Deux faits pourraient nous mettre sur la voie. Sa position stratigraphique et ses caractères physiques. A Meximieu, en effet, il repose immédiatement sur des couches à empreintes végétales du même âge que l'assise pliocène inférieure de Perrier. Il est donc au même niveau que les conglomérats d'Auvergne. — D'autre part, M. Tardy nous a fait connaître un fait capital que nous avons constaté nous-même sur les échantillons. C'est l'aspect glaciaire des quartzites qui le composent. Tous ces cailloux offrent *des méplats caractéristiques* que l'eau non-seulement ne peut produire, mais qu'elle tend à faire disparaître.

En se laissant guider par ces faits, ne pourrait-on

pas considérer la ligne extrême des moraines de Bourg
à Lyon comme la limite des glaciers de la première période dont le conglomérat bressan ne serait autre chose
que la moraine profonde remaniée après coup ? Les moraines plus rapprochées de Suisse appartiendraient ainsi
à la deuxième extension glaciaire dont le loess étalé en
avant, aurait formé le limon jaune à la surface, dans
l'intervalle compris entre les deux lignes.

Du reste, il ne paraît pas impossible d'obtenir, sans
sortir du bassin du Rhône, la preuve directe du double
phénomène. Les dépôts glaciaires recouvrent près de
Genève des couches de lignite dont la position est identique à celles de Zurich. M. Alphonse Favre cite en particulier les gisements de Sonnaz et du bois de la Bâtie,
et il émet, dans ses *Etudes géologiques sur la Savoie*, la
pensée, qu'un puits foré à travers leur épaisseur, pourrait peut-être nous faire découvrir une moraine sous-
ligniteuse analogue à celle que l'on connaît à Zurich.

DILUVIUMS DE LA VALLÉE DE LA SEINE. — Les diluviums
de la Seine ont depuis longtemps fait naître de vives
controverses. Nous ne discuterons pas les théories émises, mais nous profiterons de l'occasion du présent travail pour exprimer ici notre manière de les envisager.

On distingue généralement dans la vallée de la Seine,
trois diluviums, ce sont :

Le limon des plateaux,
Le diluvium rouge,
Le diluvium gris.

Le premier, le *limon des plateaux*, ne descend pas dans
les vallées. Il est indépendant des deux autres. Il re-

couvre d'un manteau uniforme les meulières de la Brie et la surface des terrains qui s'élèvent à la même altidude. Ex : le plateau de Villejuif. Son niveau élevé l'a fait considérer, par la plupart des géologues, comme étant le plus ancien diluvium, mais son origine est restée inexplicable. Nous n'hésitons pas à le considérer comme étant du *loess glaciaire provenant de la fusion de la calotte de glace qui recouvrait jadis le Morvan pendant la première période glaciaire.*

Sur les flancs de la vallée, on observe un *diluvium gris supérieur*, exploité depuis plusieurs années à Montreuil, (*altit.* 57^m). — C'est un ancien lit de la Seine qui renferme entre autres fossiles, *elephas antiquus, rhinoceros etruscus, Merckii,* etc. Nous le considérons comme étant un dépôt synchronique des alluvions supérieures de Perrier, de St-Prest, Cromer, Zurich, etc., c'est-à-dire comme renfermant la faune interglaciaire.

Le *diluvium rouge* recouvre ce dépôt, mais il descend beaucoup plus bas sur les pentes. Il est donc plus récent. Il est caractérisé par l'absence de fossiles, sa couleur rouge, ses poches curieuses. Jamais on n'y trouve de roches erratiques, mais des roches locales brisées ou peu roulées. Quel que soit son mode de formation, il est à nos yeux contemporain de la *deuxième période glaciaire.*

Enfin, le *diluvium gris inférieur*, le *diluvium de la plaine*, plus récent encore, est post-glaciaire. C'est le grand gisement du mammouth, du rhinocéros velu, du renne, etc. Là aussi, se rencontrent de nombreux silex taillés, produits d'une industrie primitive. Ces silex n'ont pas été signalés encore à Montreuil. Cela prouve, que si l'homme habitait nos environs lors du retrait définitif des glaciers, il y était rare pendant le cours de la période inter-glaciaire, car l'on n'a d'autre preuve de son existence que les traces qu'il a laissées à St-Prest. Enfin, se rapproche-t-on peu à peu des bords actuels du fleuve, on passe par une transition graduelle et ménagée à des limons modernes. Ils renferment les stations du renne, de la pierre polie, du bronze, étudiées par M. Anatole Roujou avec tant de persévérance et d'habileté.

La paléontologie et la stratigraphie vérifient d'une façon remarquable les résultats de nos études dans le centre de la France. Le parallélisme est on ne peut plus parfait.

Diluviums de la vallée du Rhin. — M. Ed. Collomb a depuis longtemps déjà démontré la superposition des diluviums de cette vallée.

Le *diluvium alpin* serait un dépôt remanié de la première période, et par suite synchronique du conglomérat bressan, du limon des plateaux de la Seine, etc.

Le *diluvium vosgien* intermédiaire, est le produit de la 2ᵉ période glacière, amené des Vosges et de la forêt Noire. C'est le pendant du diluvium rouge.

Enfin, le *loess* qui recouvre toute la plaine et pénètre jusque dans les cratères volcaniques de l'Eiffel, du Roderberg par exemple, a été le produit lent de la fonte du glacier du Rhin de la 2ᵉ période, qui vivait encore, alors que les petits glaciers de la forêt Noire et des Vosges avaient déjà disparu.

Dolmens. — Dans le cadre des études qui seront entreprises pour la reconnaissance des formations glaciaires de la première époque et leur délimitation, il faudra faire entrer l'examen d'une série de monuments archéologiques que les géologues ont jusqu'à présent négligés. Ce sont les monuments dits mégalithiques, les menhirs, les dolmens, les cromlechs ou cercles de pierre; c'est encore une foule de blocs énormes, auxquels la superstition populaire attribue un rôle mystérieux, les pierres de fées, les roches branlantes, etc.

En effet, les archéologues ont cru jusqu'à présent que ces matériaux, gigantesques pour la plupart, avaient été amenés de carrières éloignées, sur l'emplacement qu'ils occupent, par les hommes de l'âge de la pierre polie.

Cependant, une contradiction bizarre se présentait: c'est le contraste que l'on observe entre la perfection des objets, armes et ustensiles enfouis sous ces monuments et l'état fruste de ces derniers.

Il est facile à un géologue de reconnaître que ces monuments sont construits à l'aide de matériaux véritablement erratiques, c'est-à-dire apportés par les glaces. En effet, ils sont surtout disséminés sur les hauts plateaux, autour des massifs montagneux, ou dans les grandes vallées qui en descendent.

La plupart portent encore l'empreinte de l'agent qui les a transportés. Ils ne sont jamais roulés, mais ils sont striés et anguleux. Nous avons vu dans la Limagne d'Auvergne, des menhirs de granite debout sur un sol calcaire, offrant l'usure et le polissage caractéristiques. Il existe aussi dans cette contrée des dolmens ou allées couvertes en trachyte, bien loin du Mont-Dore, où se trouve la coulée éruptive d'où ils ont été arrachés.

Une de ces allées par exemple s'observe près du hameau de Cournol dans la commune d'Ollois. La table de trachyte qui la recouvre est énorme, elle est fragmentaire. Les blocs qui en forment les parois verticales sont éga-

lement d'un volume et d'une longueur considérables.
Ce monument situé à 12 ou 15 kilomètres du Mont-
Dore, en est séparé par des précipices et des chemins
vraiment effroyables. Il est impossible de concevoir par
quels moyens les populations sauvages de cette époque
auraient pu accomplir le tour de force de leur transport dans le lieu qu'ils occupent aujourd'hui. Cette allée
comme les monuments de ce genre a été évidemment
construite à l'aide de matériaux pris sur place.

Quant aux roches branlantes, l'origine de quelques-
unes peut s'expliquer par la décomposition de la roche
environnante, de telle sorte que le noyau indécompo-
sable se trouve aujourd'hui isolé par suite du lavage et
de l'entraînement par l'eau de la masse au milieu de laquelle il était engagé. Mais la plupart de ces monolithes
ont une origine réellement erratique.

Cela étant posé, l'étude de leur distribution géogra-
phique sera pour le but qui nous occupe d'un secours
précieux. Tous les objets de cette catégorie qui seront
compris dans la limite des moraines frontales des glaciers de la seconde époque, pourront être laissés de côté,
mais tous ceux qui dépasseront cette ligne appartien-
dront sûrement à la première période glaciaire. On
pourra, grâce à eux, et en l'absence de moraines frontales de la première période bien caractérisées, tracer
d'une main sûre le contour des glaciers de l'époque antédiluvienne.

DEUXIÈME PARTIE

GLACIER DE L'ALLAGNON.

La vallée de l'Allagnon est une vallée d'érosion creusée sur les pentes orientales du volcan trachytique du Cantal. Sa direction générale du Liorant à Pont-du-Vernet où elle se termine, est du S.-O. au N.-E. Sa longueur totale est de 22 kilomètres et sa largeur moyenne de 1,000 mètres.

On peut la diviser en deux parties naturelles :

1° La plus rapprochée du massif, dite le Haut-Val d'Agnon, d'un caractère alpestre, s'arrête à Murat ; là deux longs ravins qui prennent racine sur les contre-forts mêmes du Plomb, se réunissent à elle ; ce sont : le val d'Albepierre et le val d'Auzolles.

2° La seconde partie ou la vallée basse, commence à Murat, et se développe sur une longueur de 12 kilom., en se dirigeant en ligne droite jusqu'à la muraille cris-talline de Pont-du-Vernet.

Elle est arrosée par le torrent de l'Allagnon qui continue sa course bien au delà, traverse le grand défilé, et va se jeter dans l'Allier près d'Auzat, dans le département du Puy-de-Dôme.

Le val d'Agnon débute au Liorant dans la direction de la vallée de la Cère, qui coule sur le revers opposé. La colline du Liorant, élevée de 1,368 mètres au-dessus du niveau de la mer, sépare en ce point, les eaux du bassin de la Gironde, de celles du bassin de la Loire. Les principaux sommets qui dominent le val sont à droite : le Plomb, 1,858 mètres d'altitude, les Rochers, 1,800 mètres, Peyrouse, 1,620 mètres, et à gauche les masses de Bataillouze, 1,654 mètres.

A sa jonction avec le val d'Albepierre, le val d'Agnon se resserre entre les masses trachytiques couvertes par la forêt de Murat, 1,062 mètres, et le morne basaltique d'Anteroche, 1,060 mètres d'attitude.

Le fond de la vallée à Murat est à 852 mètres, ce qui donne pour la pente totale du val d'Agnon, 516 mètres.

La basse vallée présente peu de sommets remarquables. A Murat, le rocher de Bonnevie célèbre par ses prismes de basalte, s'élève à 1,070 mètres; Bredons qui s'avance comme un cap entre le val d'Agnon et celui d'Auzolles 987 mèt. ; sur le parcours intermédiaire, les hauteurs latérales se suivent avec régularité jusqu'à l'issue de la vallée. Là, on remarque surtout la roche de Laval qui s'élève à 1,009 mètres au confluent de la vallée d'Allanches.

Au delà de Neussargues, le niveau du torrent, au pied du gneiss, a 704 mètres, ce qui donne de Murat à Pont-du-Vernet une pente totale de 148 mètres.

Toutes ces hauteurs sont prises sur la carte de l'état-major

La nature géologique du sol est suffisamment connue par les travaux de M. Baudin, ancien ingénieur en chef des mines, qui a dressé la carte du Cantal. Le massif central est trachytique ; seul le Plomb, point culminant, est formé par un gigantesque filon de basalte.

Les pitons du centre, Griou 1,652 mètres, Griouneaux, l'Usclade, etc., sont de nature phonolithique. Malgré leur situation au centre du grand cratère, en dehors du bassin de l'Allagnon, ils nous intéressent parce que leurs blocs se retrouvent aussi à l'état erratique dans la vallée qui nous occupe.

Le trachyte s'arrête à Murat. A partir de cette ville, la vallée est creusée dans les roches primaires ou dans le terrain tertiaire. Les plateaux sont recouverts de vastes nappes basaltiques dont les escarpements se dressent au-dessus des parois de la vallée.

Telle est l'assiette du bassin dans lequel s'est développé l'ancien glacier de l'Allagnon. Rien n'est aussi beau, aussi évident que les traces qu'il a laissées de son existence. L'ouverture récente du chemin de fer du Cantal en permettra désormais l'étude sans trop de fatigues.

Dans le haut val d'Agnon, les moraines latérales, tantôt nues, tantôt couvertes de sombres forêts, s'élèvent à une grande hauteur sur les pentes, sans atteindre pourtant les sommets. La latérale droite est à chaque instant coupée par la voie ferrée. Le fond du val est un admirable boden uni et dressé comme une glace, sur lequel s'élèvent les villages de Laveissière et de Fraisse. Il contraste avec les escarpements des flancs.

Les ravins d'Albepierre et d'Auzolles, sont aussi couverts d'énormes blocs polis et striés, indiquant qu'ils étaient occupés comme leur voisin par des fleuves de glace. Ces deux glaciers formaient, avec celui du Haut-Val, les trois racines du grand glacier de l'Allagnon.

C'est à leur point de jonction qu'il convient surtout d'étudier les dépôts qu'ils ont laissés L'encombrement qu'ils forment est vraiment incroyable. La moraine latérale gauche du val d'Agnon a semé ses blocs jusque sur les sommets des rochers d'Anteroche et de Bonnevie.

Elle se continue sans interruption jusqu'à l'extrémité de la vallée, en devenant la moraine latérale gauche du grand glacier.

En face, la moraine latérale droite du ravin d'Auzolles, est aussi devenue, à partir de ce village, la latérale droite du grand glacier. La partie qui court de la petite cascade d'Auzolles au village de Chailanes est surtout admirable. Droite, escarpée comme une muraille, à peine masquée par un maigre gazon, elle offre un des plus beaux spécimens de moraine.

C'est entre ces deux murailles glaciaires, distantes d'environ 2,000 mètres, que s'avance dans l'axe de la vallée, la moraine profonde et médiane.

Cette dernière, d'une puissance énorme, a relié le massif trachytique dans lequel le torrent d'Albepierre a creusé son lit, au piton basaltique de Bredons, sur lequel s'élève une chapelle célèbre. Elle est formée de quatre moraines :

La latérale droite du val d'Agnon,
Les deux moraines du glacier d'Albepierre,
Et la latérale gauche du glacier d'Auzolles.

Tout autour, sur les flancs et dans la plaine, au-dessous de Murat, c'est un étonnant chaos de blocs erratiques, presque tous striés, d'un volume considérable, et l'on chercherait en vain à découvrir la nature géologique du sol que cet entassement de débris dérobe aux regards.

L'on reconnaît, en étudiant la nature minéralogique de ces blocs, qu'ils sont formés de toutes les roches du cône central. et des nappes des plateaux. Toutes les variétés de trachyte s'y rencontrent ; les phonolithes ainsi que les basaltes du Plomb ; chaque sommet, chaque filon a payé son tribut à l'agent destructeur.

Çà et là les habitants ont dû faire jouer la mine pour se débarrasser des blocs les plus volumineux. Cependant il reste encore quelques-uns de ces monolithes que l'on peut mesurer. Nous en citerons trois :

Le premier se voit à droite de la route d'Aurillac, au-dessous de Bredons ; il a dû passer par-dessus le rocher pour arriver à la place qu'il occupe. Il est à demi enfoui, et se reconnaît de loin à sa forme hémisphérique et à une petite pyramide sculptée dont les habitants du pays l'ont surmonté. C'est un bloc de trachyte mesurant 25 mètres de circonférence à fleur de terre.

Le second est un peu plus éloigné. Il gît à gauche du même chemin. L'observateur placé près de lui, et qui voit à sa gauche Murat, peut voir à droite dans la même direction, le vaste châlet établi sur les flancs de la montagne. A sa base se trouve un bouquet de noisetiers qui le désigne de loin aux regards. Ce bloc également trachytique est incliné dans le sens de la vallée. Il repose sur une éminence de loess dont la hauteur mesure le creusement de la vallée depuis l'époque où il a été déposé. Sa longueur est de 4^m, 35 ; sa largeur 4^m, 8 ; sa hauteur 2^m, 6. Son volume est de plus 54 mètres cubes.

Le troisième, placé dans le voisinage, est aussi remarquable par sa masse ; il repose comme le précédent sur une colonne de loess de 1 mètre ; également incliné dans le sens de la vallée, il ne reste là que par un miracle d'équilibre.

A la surface des champs des blocs presque aussi énormes se voient de toutes parts. Au premier abord, cette masse effrayante de débris étonne et porte à croire qu'elle est due à des éboulements. C'est en effet l'explication qu'en avaient donnée les géologues partisans de l'idée du soulèvement du Cantal par les phonolithes; mais un examen attentif fait reconnaître bientôt les caractères spéciaux au transport par les glaces.

Le mélange en apparence incohérent de ces blocs s'est fait avec une régularité remarquable. Dans le val d'Auzolle, par exemple, tous les blocs de la moraine latérale droite appartiennent aux roches du flanc droit du ravin. En face, à 100 mètres au plus, le bord de la moraine médiane se compose exclusivement des roches qui en forment le flanc gauche. Cet arrangement est incompatible avec l'hypothèse d'un éboulement ou d'un transport par l'eau.

La structure de ces dépôts erratiques se voit clairement dans des coupes fraîches, que l'établissement de nouveaux chemins a mises à nu. Nous signalerons de préférence aux observateurs le chemin d'Albepierre à l'hospice du Val et à Bredons. Il est tracé dans la moraine latérale droite de l'ancien glacier d'Albepierre. En descendant le vallon, on trouve une coupe fraîche verticale, sans le moindre brin d'herbe, qui permet de reconnaître la structure caractéristique des moraines. Les blocs gros et petits sont superposés sans distinction de volume; ils laissent entre eux des vides nombreux; ils sont tous anguleux, et la plupart polis et striés.

D'aussi belles coupes se remarquent çà et là le long des sentiers tracés sur les flancs ou le sommet de la moraine médiane.

Moraines latérales du grand glacier. — Les moraines latérales se continuent sans interruption, la latérale

gauche jusqu'à la vallée d'Allanches, et la droite jusqu'à la muraille de gneiss qui barre la vallée de l'Allagnon.

Nous n'avons rien de particulier à dire sur ces moraines, sinon que la ligne supérieure qu'elles dessinent
sur les flancs n'atteint pas les plateaux. Tantôt stérile,
et offrant l'aspect de longs éboulements, tantôt cachée
sous le sombre voile des sapins, la moraine latérale
droite est difficile à parcourir. Les parois de la vallée
sont escarpées, et l'on n'y voit ni habitations ni cultures; la latérale gauche, au contraire, est très-facile à
parcourir dans toute sa longueur, car la route impériale est établie sur les pentes, à une grande hauteur
au-dessus du niveau du torrent.

La moraine profonde est d'une épaisseur de plusieurs
mètres. Elle remplit tout le fond de la vallée, dont elle
recouvre le sous-sol granitique. Elle a fait une oasis
de cette vallée, qui eût été sans elle éternellement stérile. Les cultures les plus variées, la végétation la plus
fraîche, lui font comme un riant tapis de verdure. Le
torrent, qui creuse au milieu d'elle un lit de plus en
plus profond, laisse voir à nu sa structure; mais rien
ne vaut pour son étude les magnifiques coupes que
l'établissement du chemin de fer a créés dans toute sa
longueur. On voyage comme dans un couloir au milieu
de cette remarquable formation, et, sans sortir de wa-
gon, on peut l'examiner à loisir.

En quelques points les filons de basalte traversent la
vallée dans toute sa largeur et vont se soudant de part
et d'autre aux nappes des plateaux ou aux dykes qui
les percent.

Ces filons ont déterminé du côté d'amont la formation d'autant de moraines par obstacle, en surélevant le niveau de la moraine profonde. Le plus remarquable est à la station de Neussargues. On prend, pour le voir, le sentier qui de la gare mène à ce village : à 100 mètres environ, derrière les deux auberges, il a été coupé par la route ; il est formé de longs prismes horizontaux, empilés l'un sur l'autre, et l'on ne peut mieux les comparer qu'à des piles de bois, dont les sections régulières formeraient une mosaïque de dix à douze pieds de hauteur de chaque côté du chemin. La ressemblance est frappante, et nous dûmes nous en approcher pour reconnaître leur nature. C'est le plus bel exemple de prismes horizontaux que l'on puisse voir dans un pays où ils ne sont pas rares.

La moraine par obstacle, établie derrière eux, contribue à faire de ce point un intéressante curiosité géologique.

Affluent d'Allanches. — La vallée d'Allanches qui débouche dans celle de l'Allagnon, en face de Neussargues, descend de la partie montagneuse qui sépare le Cantal du Mont-Dore. C'est la région basaltique du Cézallier et du Lugue.

Elle est creusée, dans toute sa longueur, dans le gneiss, à la surface duquel s'étalent à perte de vue ces nappes de basalte, qui font de ces hauts plateaux le grenier d'abondance du Cantal.

Étroite et profonde à son origine, elle s'élargit de plus en plus et entame bientôt les terrains tertiaires, recouverts comme le gneiss par les basaltes jusqu'à sa jonction avec la vallée d'Allagnon.

Le village de Moissat s'élève à l'entrée ; à droite, il

est dominé par le plateau de Chalinargues, dont l'altitude est de plus de 1,000 mètres ; à gauche, par le gigantesque rocher de Laval à 1,009 mètres.

Ce dernier est formé, comme ceux de Bonnevie, d'Anteroche et de Bredons, de longs prismes verticaux de basalte. Se détachant à l'angle du plateau, qu'ils dépassent de 100 mètres, ils s'élancent en une masse puissante vers le ciel.

Le torrent d'Allanches circule au fond de cette vallée ; au-dessous de Laval il tourne brusquement à gauche, coule à 300 mètres de profondeur, et se jette dans l'Allagnon à Pont du-Vernet, à l'entrée du grand défilé.

La vallée de l'Allagnon forme ici un de ces culs-de-sac si favorables à l'accumulation presque indéfinie des dépôts morainiques. L'appareil glaciaire s'y développe avec une netteté et une puissance incomparables. Nous allons, pour plus de clarté, étudier successivement les moraines qui le composent.

La moraine latérale droite de la vallée d'Aynon se continue, comme nous l'avons vu, régulière et ininterrompue. De Celles à Combes-Robert, elle est couverte de sapins et très-difficile à parcourir. A sa termiaison, la vallée se termine en anse. L'épaisseur de l'erratique, favorisé par cette disposition, est prodigieuse. Le trachyte y domine ; tous les basaltes de ce côté de la vallée s'y trouvent également. Quelques blocs, éboulés des sommets, se mêlent çà et là à ceux de la moraine, mais on ne peut les confondre, car ils ne sont ni burinés, ni couverts de la pâtine.

La moraine latérale gauche d'Allanches, tournant brusquement sous le rocher de Laval, devient dès lors, jusqu'à Joursac, la moraine latérale gauche de la vallée d'Allagnon. Nous l'avons prise à Sainte-Anastasie, dans la vallée d'Allanches, car le temps nous manquait pour monter au Cézallier.

De Sainte-Anastasie à Laval, elle se détache avec vigueur sur les parois. Sa limite supérieure n'atteint pas la planèze ; la route établie à mi-côte la coupe dans toute sa longueur. Elle offre la collection la plus variée des roches de la haute contrée : basaltes compactes, schistoïdes, se délitant en polyèdres, gris ou noirs, avec ou sans péridot et pyroxène, granites, gneiss, leptynites, quartz, micaschistes, la composent.

Tous ces blocs portent l'empreinte glaciaire. Ils sont anguleux, polis, couverts de stries. Au bas du rocher de Laval qui, sous l'influence d'une action mystérieuse, se délite et s'écroule sans cesse, la moraine disparaît, cachée sous les ruines récentes de la montagne ; puis elle émerge et continue son trajet régulier jusqu'à Joursac.

Les villages de Laval et de Laveissière sont bâtis sur elle ; nue et désolée sur son parcours le long du plateau de Laval, elle se couvre de prairies verdoyantes à son extrémité. Nous retrouvons là le même phénomène qu'à la moraine latérale droite. Le glacier, butant contre le massif cristallin, amoncelait incessamment les blocs dont la masse forme aujourd'hui de véritables collines. Le contraste minéralogique qu'elle présente avec la moraine d'en face est frappant. Elle est entièrement composée de roches primaires et de basaltes et ne renferme pas le moindre fragment de trachyte.

La moraine médiane, une des plus belles qui existent,

est admirablement dessinée surla carte de l'état-major.
Nous avons vu celle de Murat, formée de quatre moraines, recouvrant un noyau central ; celle-ci est le produit de la jonction de deux moraines seulement :

La latérale gauche de l'Allagnon,
La latérale droite d'Allanches.

Ce qu'elle a perdu en puissance, elle l'a regagné en
netteté, elle est, en effet, d'une pureté de lignes incomparable.

Sa forme générale est celle d'un triangle allongé
dont la pointe est tournée vers l'est à l'entrée du défilé.
La base de ce triangle, prise à l'ouest de Chesseyroux,
au coude de la route, dont l'altitude est fixée à 839 m.
sur la carte, la base, disons-nous, a 1,600 mètres de
longueur ; les côtés, à peu près égaux, et s'arrondis-
sant en une ligne courbe, ont environ 3,500 mètres.
Elle a 40 mètres d'épaisseur à son origine Sa surface
s'incline en pente douce jusqu'à Pont-du-Vernet, où elle
domine de quelques mètres seulement le niveau des
torrents.

D'un côté, elle est bornée par l'Allagnon, de l'autre
par la rivière d'Allanches, qui se réunissent à son extrémité et l'isolent des moraines latérales.

Sa surface est largement accidentée. Il faut, pour en
embrasser l'ensemble, l'examiner d'un observatoire
élevé, comme le rocher de Laval, par exemple. Son
relief se dessine alors en trois sommités, échelonnées
du nord au sud, suivant l'axe de la vallée d'Allanches.
La première de ces sommités est surmontée de trois
croix et sert de calvaire aux habitants du pays. Sur la
seconde s'élèvent les maisons de Neussargues, bâties

au milieu même de la moraine. Au pied de la troisième, et derrière le château de Neussargues, serpente la route impériale de Clermont à Aurillac.

A l'époque où nous l'avons étudiée, des coupes nombreuses et toutes fraîches se voyaient en plusieurs points. L'une d'elles était due à la rectification de la route d'Allanche, à laquelle on travaillait pendant notre séjour. Pour éviter un long détour, on coupait en ligne droite le troisième relief à une profondeur de 15 à 20 pieds, de Neussargues au pont jeté sur le torrent d'Allanche, au-dessous de Laval.

La structure morainique se détachait dans ces coupes fraîches avec une perfection remarquable. Comme dans les coupes de Murat, des vides nombreux se laissaient voir entre les blocs. D'énormes galets anguleux, engagés à la partie supérieure, reposaient sur du gravier ou du loess, au mépris des lois de l'équilibre ; ils avaient conservé toute leur fraîcheur, la vivacité de leurs arêtes ; quelques-uns étaient magnifiquement striés. Nulle trace de remaniement ou de tassement. Les blocs occupaient exactement la place où ils avaient été jadis déposés.

D'autres coupes existent encore le long du chemin qui dessert Neussargues ou de la route qui, peu à peu, s'élève sur les pentes, dans la direction de Murat.

Les torrents qui coulent au pied de la moraine l'ont déchaussée, mise à nu de chaque côté, jusqu'au point extrême où ils mêlent leurs eaux. Sa surface est en partie couverte de cultures. De Chesseyroux à Neussargues et au moulin de Celles, ce sont des champs dont les murs de séparation sont formés de blocs erratiques. A l'est de Neussargues, une longue sapinière la recouvre et fait bientôt place à une admirable végétation de hêtres, de bouleaux et de peupliers.

Du côté de Neussargues, la plupart des blocs sont basaltiques ou cristallins : c'était, en effet, la moraine droite d'Allanche qui procédait de ce côté à la confection de la moraine médiane. Le long de l'Allagnon, au contraire, ce sont les trachytes qui dominent, cette partie de la moraine n'étant en réalité que la continuation de la moraine gauche du glacier de l'Allagnon.

La différence de relief que présente cette magnifique moraine autour du village de Neussargues est due à la diminution lente et progressive des glaciers. En effet, les sommités s'abaissent en se rapprochant de la vallée d'Allanche. Les glaciers se sont enfin séparés : le glacier d'Allanche est remonté vers sa source, en découvrant sa moraine profonde ; mais, à Moissat, il a subi un long temps d'arrêt : une recrudescence de froid lui a fait déposer une superbe moraine frontale sur laquelle ce village est bâti.

Cette dernière est disposée, suivant un demi-cercle, courant du plateau de Chalinargues au rocher de Laval. Le torrent fait un coude brusque derrière elle, et s'échappe par une issue qu'il s'est ouverte au-dessous de la petite route. Elle est beaucoup moins élevée que la moraine médiane.

Ce temps d'arrêt est analogue à celui qu'a observé M. Collomb dans la vallée de Saint-Amarin. Faut-il voir dans ce fait une simple coïncidence, ou bien le résultat d'un phénomène plus général qui aurait eu du retentissement dans toute la France ? C'est ce que l'avenir nous apprendra.

Telle est l'œuvre produite par ce grand fleuve de

glace, qui avait 20 kilom. de longueur. Encaissé dans cette magnifique vallée, il ne s'est jamais élevé à la hauteur des plateaux, et témoigne, par l'immense volume de ses dépôts morainiques, de la longue durée de la période glaciaire.

Vallée de la Cère. — La vallée de la Cère possède un appareil glaciaire aussi facile à constater que celui de l'Allagnon. Nous en dirons autant de la vallée de la Jordanne. Le mauvais temps nous a empêché d'en tracer les contours extrêmes ; nous n'avons pu visiter la moraine médiane et la grande moraine frontale d'Aurillac ; mais, sur les parois de ces deux vallées jusqu'à Vic, d'une part, et Mandailles, d'autre part, les moraines latérales se dessinent vigoureusement.

Dans l'exploration rapide que nous avons faite de cette région, nous ne nous sommes pas borné à reconnaître les dépôts glaciaires enfermés dans les vallées, nous avons examiné les plateaux, le grand défilé de l'Allagnon, et les plaines que traverse ce cours d'eau avant de se jeter dans l'Allier. Partout nous avons reconnu des traces glaciaires d'un caractère tout aussi certain.

Sur les plateaux, les blocs de cette nature sont rares et disséminés ; leurs stries sont moins vives ; la surface des nappes basaltiques est comme polie et moutonnée, et de l'ensemble se dégage un air de vieillesse qui contraste avec la fraîcheur des dépôts morainiques des vallées, et qui reporte invinciblement l'esprit vers un passé plus lointain.

A partir de Pont-du-Vernet, l'Allagnon s'engage dans l'étroit défilé qui traverse la formation cristalline jusqu'à Lempdes.

Cette coupure s'élargit à Massiac et à Blesles en deux petits bassins cultivés que l'on désigne dans le pays sous le nom de *Petite-Limagne*.

Ce défilé, dont la largeur ne dépasse pas 100 mètres, et dont la hauteur atteint 300 ou 400 mètres, s'articule à l'angle nord-est avec la vallée d'Allagnon, et se continue, presque en ligne droite, dans la direction sud-ouest et nord-est. Partout il n'offre que parois taillées à pic, précipices affreux au fond desquels gronde le torrent.

Dans cet effrayant et sombre défilé, on remarque çà et là, à des hauteurs inaccessibles, des surfaces de polissage. MM. Rozet et Viquesnel en avaient déjà observé dès 1842, près de Lempdes, sur le côté gauche de la rivière. Les surfaces polies du gneiss sont aussi striées, et les stries sont dirigées dans le sens de la vallée, et un peu inclinées de haut en bas. Ces deux observateurs admirent à cette époque qu'elles n'avaient pu être formées que par des matériaux lancés avec force d'amont en aval, et crurent les retrouver dans les blocs de basalte qui forment un barrage à l'Allagnon, près du village de Lempdes; car, disent-ils, « quant à attribuer ces phénomènes à l'ancienne existence de glaciers, cela n'est pas possible en Auvergne, où l'on trouve une infinité de petits cônes de scories que les glaciers auraient certainement anéantis. »

Nous avons retrouvé les polissages signalés par M. Rozet, et de plus beaux encore non loin de là.

Sur la rive droite de l'Allagnon, à l'entrée même du

défilé, un fragment de gneiss, de quelques mètres cubes, laissé comme point de démarcation entre le chemin de fer et la route, est admirablement cannelé du côté du torrent. Les cannelures, larges de $0^m,10$, longues de $0^m,30$ à $0^m,40$ environ, parallèles entre elles, couvrent une surface de plus de 1 mètre carré.

Nous avons observé d'autres polissages que l'on ne peut confondre avec les plans de clivage du gneiss, et que l'on ne peut davantage supposer le produit de l'eau. Ils se trouvent en effet bien au-dessus du niveau du torrent, et, en outre, le défilé est une cassure du sol et non une vallée d'érosion.

Nous citerons ceux des environs de Ferrières-Saint-Mary. A 100 mètres du village, en suivant la route qui mène à Molompise, se dressent d'énormes escarpements de gneiss terminés en aiguilles ; ils sont placés en face de la première maisonnette occupée par le garde de la voie ferrée. La dernière de ces aiguilles présente, à 50 pieds au-dessus de la route, une vaste surface polie et striée.

On en observe encore vis-à-vis la deuxième maisonnette de garde. Là les stries manquent, et l'on ne voit qu'une surface laminée.

Le petit bassin de Massiac est uni et dressé comme un véritable Boden. La rivière glisse à la surface plutôt qu'elle ne s'y est creusé un lit, et les flancs des masses cristallines qui l'enserrent de toutes parts, laissent voir çà et là des blocs de basalte striés et erratiques.

Sur les planèzes du Cantal, c'est-à-dire à la surface des hauts plateaux basaltiques, on observe partout de

nombreux galets, usés, striés, venus des contrées loin-
taines. Nous les avons vus à Peyrusse, sur le plateau
de Laval, de Mardogne à Serrusse et à Sainte-Anastasie, sur le plateau de Chalais entre Massiac et Grenier-
Montgon, sur les ballons granitiques qui dominent la
route de Saint-Flour, depuis Massiac, jusqu'à Saint-Mary-
le-Plein. La surface des coulées basaltiques est généralement polie, comme si elle avait subi l'action d'un
puissant laminoir. Près de Planzol, commune de Léo-
toing, l'on voit d'innombrables cailloux erratiques de
basalte, de gneiss, de granite, de micaschiste, de quartz :
ils sont anguleux, parfois striés, du moins les basaltes,
engagés dans un loess tantôt pulvérulent et jaunâtre,
tantôt plus argileux, et de couleur ocreuse. Le premier
provient de la trituration des roches primaires; le second de celle des basaltes.

Çà et là dans le défilé, les flancs ravinés ont conservé
des dépôts de même nature que l'on ne peut confondre
avec des éboulis, car souvent en creusant avec patience
on observe des blocs d'origine lointaine. Ce sont comme
de petites moraines par obstacle, semées dans tous les
angles rentrants.

Un fait extrêmement remarquable et qui nous paraît
avoir une importance capitale, c'est la découverte d'un
lambeau de moraine profonde au-dessus de Lempdes.

Si l'on gravit les pentes abruptes qui dominent ce
village, sur la rive gauche du torrent, en suivant le
chemin qui mène à Scouldroux, à 2 kilomètres environ, on trouve la route bordée d'un dépôt de nature
spéciale. C'est une masse argileuse, d'un rouge foncé,
plastique, et se crevassant par la sécheresse; une véritable boue empâtant des blocs de différente nature;

Julien.   6

ceux de basalte y dominent ; tous sont arrondis, mais la plupart portent des stries très-nettes ; ils ne sont pas arrondis à la façon d'un caillou de rivière ; ils ressemblent plutôt à des polyèdres dont on aurait successivement abattu et usé les arêtes à coup de lime.

Ce dépôt repose sans intermédiaire sur le gneiss et recouvre une surface de plusieurs centaines de mètres carrés. C'est évidemment le reste d'une moraine profonde indiquant un glacier d'une puissance considérable.

L'altitude de Lempdes est de 400 mètres environ ; celle de ce dépôt est comprise entre 500 et 600 mètres.

Nous avons aussi porté nos investigations dans la plaine de Lempdes. Cette vaste plaine si fertile, qui s'étale au pied du massif gneissique, du village de Charbonnier à gauche, jusqu'à l'Allier à droite, est formée d'une immense épaisseur de limon glaciaire.

Vue de la ligne circulaire des hauteurs cristallines à la base desquelles elle s'étale, elle offre à l'œil une série d'ondulations parallèles et concentriques autour du massif. Les plus éloignées sont en même temps les plus élevées, de telle sorte que cette plaine paraît s'exhausser par une série de gradins dont les derniers se perdent vers les confins du Puy-de-Dôme.

Elle a été considérée comme tertiaire par M. Baudin : mais l'examen des coupes que les ravinements ont ménagées çà et là, la tranchée du chemin de fer et son relief superficiel ne permettent pas d'élever le moindre doute sur sa nature glaciaire.

Elle est formée d'un limon jaunâtre, mais elle est pétrie dans toute son épaisseur, jusqu'au terrain houiller qu'elle recouvre transgressivement, et qui émerge au delà de ses bords, d'innombrables cailloux striés. Le plus grand nombre sont des basaltes et viennent du Cezallier, du Luguet ou des plateaux de la Haute-Loire. Les autres montrent la série des roches cristallines, mais plus fréquemment le quartz usé, poli, et qui a résisté à cause de sa dureté. La trachyte y est d'une rareté extrême. C'est à peine si nous avons pu en recueillir un échantillon.

Si nous réfléchissons à l'ensemble des faits que nous venons d'exposer, malgré le rapide examen que nous avons dû en faire, à la présence de blocs erratiques à la surface des plateaux les plus élevés, aux surfaces polies du défilé et des coulées basaltiques, enfin à la moraine profonde qui reste au-dessus de Lempdes comme un témoin de ces temps reculés, nous sommes invinciblement conduits à penser qu'un glacier colossal, remplissant d'un boyau le défilé de 40 kilomètres, ensevelissait toute cette région.

Cette mer glacée dépassait la limite des plateaux, s'étalait dans la plaine et déposait l'énorme formation limoneuse qui comble l'intervalle qui sépare la vallée d'Allagnon de celle de l'Allier. Elle dessinait dans son retrait lent et successif ses reliefs onduleux.

Faut-il confondre ce grand phénomène avec le phénomène amoindri qui a déposé les moraines des vallées ? Nous ne pouvons le croire. A nos yeux, il y a là deux faits distincts, deux périodes glaciaires séparées. La plus puissante s'est effectuée la première, car dans le cas contraire, elle aurait balayé nos moraines où rien n'indique le plus faible remaniement.

Elles doivent être séparées par la période diluvienne, car les masses d'eaux qui se sont répandues avant la formation des moraines trouvent une explication suffisante dans la fusion de cette gigantesque calotte de glace.

A une époque plus récente, sur ce sol humide et fraîchement creusé, une recrudescence de froid, comparativement légère, a ramené les glaciers sans leur permettre toutefois de sortir des vallées.

Aucun fait paléontologique ne permet de séparer ces deux époques d'une façon péremptoire, dans le Cantal, mais nous devons nous laisser guider par les résultats de la colline de Perrier.

Si l'on découvre l'*Elephas meridionalis* au Cantal, on le trouvera certainement intercalé entre les dépôts de ces deux périodes.

Vers 1842, à l'époque où la Société de géologie commençait à s'occuper de l'ancienne existence des glaciers en France, M. Rozet fit, dans une des séances, l'observation suivante : « Sur le versant ouest du Mont-Dore, près de Chastreix, nous avons vu, avec M. Viquesnel, des couches trachytiques, dont la surface supérieure polie présentait des sillons parallèles, dans le sens des pentes, qui m'ont paru produits par le passage de cailloux. » Nous avons déjà rappelé une observation pareille de ces deux géologues à l'entrée du défilé de l'Allagnon, et nous avons vu la raison qui les a empêchés d'attribuer ces deux faits à l'action d'anciens glaciers.

M. Lecoq, dont le monde savant connaît les immenses travaux sur la géologie et la botanique de l'Auvergne, a étudié le terrain erratique autour du Mont-Dore. Nous ne pouvons mieux faire que de mettre sous les yeux du lecteur la description élégante de l'éminent naturaliste :

« Nous n'avons en Auvergne aucune trace réelle de ces anciens glaciers qui ont abandonné leurs moraines dans les vallées des Alpes et des Pyrénées ; mais si nous n'avons aucune preuve de la présence du terrain glaciaire, nous avons de nombreux exemples du terrain *névéen*.

« Nous voyons partout la preuve de ces grands amas de neige qui s'accumulaient en hiver, et qui, fondant rapidement au printemps, entraînaient tout ce qui faisait obstacle à leurs torrents. Tout le versant sud du

Mont-Dore offre les caractères de ces chocs violents, et le canton de Latour est presque entièrement parsemé des blocs erratiques qui ont été entraînés pendant ces débâcles réitérées.

« C'est à Saint-Genès-Champanelle que nous avons observé, pour la première fois, les traces de ce curieux phénomène, le 30 août 1853. Retenu par une pluie battante dans une misérable auberge, nous passâmes une partie de la journée à regarder par une petite croisée la triste campagne qui nous environnait. A force de fixer les yeux sur quelques rochers, sur lesquels le village de Saint-Genès est bâti, nous crûmes distinguer sur ces rochers, comme sur ceux de la Scandinavie, un côté *choqué*, un côté *préservé*... Nous trouvâmes entre Gonfraut et Saint-Genès, sur un grand espace, de grosses masses de basalte roulé, lesquelles, quelquefois isolées, sont aussi d'autres fois mélangées de blocs de gneiss moins roulés que les basaltes. Ces blocs, le plus souvent éparpillés, peuvent aussi se trouver réunis et constituer des amas plus ou moins étendus. En approchant de Saint-Genès, si l'on vient de Besse ou du Mont-Dore, on remarque bientôt que tous les gneiss qui sont à nu sont usés comme s'il avaient été frottés, et l'on continue à trouver éparses les grosses masses d'alluvions dont nous venons de parler... C'était un spectacle curieux de voir autour de Saint-Genès toutes ces saillies arrondies de terrain primitif, et tous ces blocs volcaniques dispersés et posés sur une plaine ondulée. Il arrivait que ces blocs en quelques points avaient nivelé le sol, et que l'on rencontrait des dômes de pelouse ou de végétation entièrement formés d'alluvions volcaniques... Au delà de Chabrol, en se dirigeant vers le Cantal, on est frappé de la singùlarité du paysage, qui rappelle tout à fait les sites de la Suède et de la Norwége. Ce sont des collines très-basses, doucement arrondies et parsemées de quelques bouquets d'arbres verts. On voit qu'une puissante action de transport, venant du nord au sud, a usé les angles de tous ces gneiss.

« Le joli lac de Pialade, situé à quelques kilomètres de Saint-Genès, est aussi entouré de ces rochers primitifs, *choqués, moutonnés* et *arrondis* du côté du nord, *préservés, anguleux, accidentés* du côté du sud. Les mêmes blocs arrondis, les mêmes roches primitives se retrouvent à l'est de Saint-Genès jusqu'au lac de Lalaudie, et au delà même, ils sont encore dispersés sur les plateaux de basalte... Au-dessus des Auberts, on arrive sur un plateau uni et presque nivelé, encore recouvert par les alluvions volcaniques. Reprenant encore à gauche, nous atteignîmes la Prunaire où existent encore des monticules arrondis. Ces monticules qui se voient partout autour de Saint-Genès, la Pialade, etc., ont cela de remarquable que leurs surfaces paraissent usé s, arrondies et comme moutonnées à l'instar de certains rochers des Alpes qui ont subi l'action des glaciers. Mais ces masses arrondies ne sont usées que d'un côté, et l'on reconnaît bientôt que le côté opposé est abrupte... A voir ces paysages désolés, couverts de rochers choqués d'un côté, préservés de l'autre, on se croirait transporté en Suède où le grand phénomène erratique du Nord s'est manifesté avec tant de puissance. Ici, comme dans la Scandinavie, le côté choqué est tourné vers le nord, ou plus exactement vers le nord-est... Il y a plus, c'est que l'on trouve sur les lieux mêmes, dans les endroits où les roches saillantes ont été frappées ou arrondies, les agents qui ont opéré cette grande action. Ce sont de véritables boulets, d'énormes projectiles, la plupart en basalte, boulets dont le volume varie depuis la grosseur du poing jusqu'à la masse de plusieurs mètres cubes, et pouvant atteindre un poids énorme. C'est avec cette formidable artillerie et ces volumineux projectiles que la nature a battu en brèche des vallées blindées de granite, qu'elle a usé, arrondi et presque poli, les gneiss et les roches cristallines qui constituent le fond du terrain... Ces matériaux viennent du Mont-Dore, et, comme le massif élevé et trachytique du Mont-Dore est séparé des environs immédiats de Saint-Genès par d'énormes amas de basalte, par des plateaux démantelés, où l'on reconnaît la matière des boulets qui ont été lancés, on ne peut douter que ces blocs roulés que l'on rencontre partout à la surface du terrain ne soient venus de cette direction, et si tous n'ont pas frappé directement au nord, c'est que plus ou moins déviés par les vallées et par des obstacles ils sont arrivés obliquement... Quant à l'agent qui a charrié ces blocs, c'est évidemment l'eau et non la glace, car ils sont tous arrondis, presque polis, et ne conservent plus leurs angles. Comme ils recouvrent indistinctement les granites, le gneiss et les plateaux basaltiques, l'époque de leur transport est certainement récente et date du temps où le Mont-Dore recevait plus de neige qu'aujourd'hui, la laissait entièrement fondre au printemps avec d'énormes courants. C'est toujours le phénomène général qui indique une température plus élevée qui se manifestait encore à l'époque erratique... On y distingue très-bien le passage des blocs ; ils y ont laissé des rainures ou des espèces de sillons plus ou moins profonds, la plupart dirigés dans le sens général du polissage, mais quelquefois aussi dans des directions différentes. On comprend en effet que des blocs aussi volumineux, mus par des eaux rapides, ont pu se dévier souvent, soit par leur entrechoquement, soit par des obstacles inhérents au terrain lui même... Enfin, quelques-uns des projectiles mêmes qui ont agi sur ce terrain s'y sont arrêtés et y reposent encore. On voit en plusieurs endroits d'énormes boules déposées du côté choqué, d'autres arrêtées sur les pentes, et d'autres encore qui sont tombées du côté escarpé; mais la plupart, entraînées par la violence du courant, ont continué leur route et sont allées se déposer en *séries longitudinales*, véritables oesars de la Suède, jusque dans les départements du Cantal, de la Corrèze et surtout (dans le Puy-de-Dôme) dans les cantons de Tauves et de Bourg-Lastic .. Les terrassements exécutés pour la route en ont laissé à découvert de très-volumineux, lesquels auparavant se trouvaient encaissés, soit dans la terre végétale, soit dans les alluvions... Cette énorme quantité de matériaux arrachés au Mont-Dore, et déposés à une certaine distance de sa base, cachent partout le véritable sol, et rendent la géologie très-difficile dans ces localités... Ces grandes alluvions névéennes sont postérieures aux derniers basaltes, et peut-être contemporaines des laves modernes. Elles doivent coïncider avec la période d'extension des glaciers dans les Alpes : elles doivent coïncider avec le morcellement des nappes de trachyte et de basalte, et dater peut-être de l'époque du dernier exhaussement du Mont-Dore... C'est une vasteplaine (qui porte dans le pays le nom de *Cimetière des enragés*, près de Tauves) cachée sous d'énormes blocs amoncelés. On y remarque des zones ou des bandes de même nature, ou, pour mieux dire, de véritables traînées, les unes en basalte, les autres en granite, comme si des courants, venant de plusieurs points, avaient apporté chacun leur contingent de matériaux. »

Comme on le voit par ces citations, M. Lecoq attribue à l'action torrentielle des effets de moutonnement, de striage qui sont aujourd'hui reconnus pour être l'œuvre exclusive des glaciers. Avec les belles et nombreuses descriptions qu'il a faites du terrain erratique, dans son œuvre si intéressante (*les Périodes géologiques de l'Auvergne* 1867), les géologues pourront tracer la carte des moraines de ce pays. Qu'il le veuille ou non, c'est à M. Lecoq que revient l'honneur d'avoir le premier découvert les traces d'une ancienne extension glaciaire au Mont-Dore.

Enfin, le 17 février 1868, M. Delanoue a signalé l'existence de moraines au Mont-Dore, dans la vallée de la Dordogne : « Je dois signaler à l'attention de nos confrères les moraines qui encombrent la vallée de la Dordogne, puisqu'elles n'ont encore été remarquées ou du moins signalées par aucun des nombreux voyageurs qui fréquentent chaque année le Mont-Dore. Toutes les fois qu'il est possible d'observer la composition intérieure de tous ces monticules irréguliers, on y retrouve comme dans ceux de la Suisse un mélange incohérent de matériaux anguleux de toute forme, de toute grosseur, etc.... Ces moraines, dont l'authenticité est incontestable, abondent au-dessus et surtout au-dessous du village des Bains, sur la rive gauche de la rivière, et il existe au lieu dit le Salon de Mirabeau une moraine terminale au travers de laquelle les eaux réunies de la Quereuilh et de la Dordogne se sont ouvert un passage... »

(Bull. Soc. géol. t. XXV, page 402).

Ainsi, le plateau central auquel on refusait depuis si longtemps ses glaciers était à la veille d'entrer dans le mouvement général.

Nous allons à notre tour décrire deux glaciers que nous avons restaurés, et qui occupaient jadis les vallées des Couzes sur le versant est du Mont-Dore.

GLACIER DE LA COUZE D'ISSOIRE.

Nous avons déjà mentionné une moraine frontale au bas de la vallée de la Couze d'Issoire, en face de Pardines; nous décrirons maintenant le glacier qui l'occupait dans son ensemble.

Cette vallée descend des pentes sud-est du Mont-Dore, et se termine dans la plaine d'Issoire après un parcours rectiligne de 25 kilomètres Elle est arrosée par un torrent qui reçoit au-dessus de Besse le trop plein du lac Pavin. Son principal affluent, la Couze de Compains lui amène les eaux des lacs de Montsineyre et de Bourdouze.

Ces deux vallées donnent accès sur les hauts plateaux de l'Artense qui séparent le Mont-Dore du Cezallier. Une série de hauteurs sépare leur bassin, au nord du bassin de Champeix, et au sud de celui d'Ardes.

Les principaux sommets sont au Mont-Dore: Chambourguet 1509^m d'altitude, Sancy 1886, le promontoire de Saint-Pierre-Colamine 1000, Montredon 1062, et enfin le pic de Solignat à 832 mètres.

Le sol est granitique; le calcaire miocène s'élève de part et d'autre sur les flancs jusqu'à Sauriers où il s'arrête, et toutes ces hauteurs sont recouvertes de nappes basaltiques succédant au trachyte qui n'a pas dépassé Besse.

Les volcans de Montchalm et de Montsineyre se sont fait jour dans l'axe des deux vallées, et ont émis chacun une coulée principale qui en recouvre le thalweg. Celle de Montchalm s'arrête à Sauriers ; celle de Montsineyre à Valbeleix.

Le vaste plateau d'où rayonnent les principales vallées est couvert de dépôts glaciaires. C'est à leur présence qu'est due la fertilité de cette région si riche en pâturages.

La masse de terrain erratique qui couvre plusieurs lieues carrées est au moins égale en volume à celle du Mont-Dore, et fait penser que ce massif a dû avoir une altitude supérieure à celle qu'il a aujourd'hui.

Les blocs striés se comptent par milliers. De toutes parts, ils émergent au milieu des prairies; les chemins en sont bordés. Les ravins creusés par l'action des orages, quelque profonds qu'ils soient, permettent à peine de voir la nature du sous-sol. C'est à leur surface que sont creusés trois lacs:

Le premier et le dernier sont considérés dans les traités de géologie comme occupant des cratères d'explosion. On leur donne le nom spécial de cratères-lacs.

Pavin dont l'attitude est........ 1,197 m.
Bourdouze. 1,170
Montsineyre. 1,174

Si les illustres géologues Léopold de Buch, Poulett Scrope et autres, avaient connu la nature du sol qui les entoure, ils n'auraient pas eu besoin, pour expliquer leur formation, d'imaginer une théorie qui est ici tout à fait inutile. Ce sont en réalité des lacs produits par le barrage de volcans modernes qui a empêché l'écoulement régulier des eaux. Ils ne diffèrent pas sous ce point de vue des lacs de Chambon et d'Aydat, dont a formation est due au barrage du Tartaret, et à la coulée de lave émise par le puy de la Vache. Ainsi, Montchalm a déterminé Pavin ; Montsineyre, le lac de ce nom. Quant au lac de Bourdouze, le barrage est occasionné par une lave qui a percé le sol à 1 kilomètre dans la direction de l'est. Ce pointement s'élève à 1,155 mètres.

Leur profondeur est tout juste égale à celle du terrain erratique dans lequel ils sont creusés ; ainsi Pavin, qui d'après des mesures récentes a 90 mètres de profondeur. Si l'on supprimait par la pensée ce vaste manteau erratique, ces lacs disparaîtraient avec lui.

Il serait intéressant d'explorer le fond du lac Pavin, car les sondages ont démontré que ce fond était parfaitement uni. Il ne peut avoir été dressé de cette façon qu'à l'époque où le puissant glacier qui couvrait le plateau exerçait son action sur le sous-sol.

La nature de ce dépôt erratique est facile à démontrer au lac Pavin même. Le trop plein des eaux s'échappe par une échancrure d'une dizaine de mètres de hauteur, et va se jeter à 80 mètres plus bas dans la Couze de Besse en suivant un ravin constamment creusé dans le terrain erratique.

Au-dessous de Besse, le granite est fortement moutonné et strié. Les parois de la vallée supportent de chaque côté des moraines latérales. Les blocs s'élèvent presque au sommet du pic de Montredon.

Tous les trachytes du Mont-Dore s'y rencontrent. Presque tous les galets sont anguleux, polis, burinés. La route tracée à mi-côte en pleine moraine gauche, permet de la suivre et de l'étudier jusqu'au village de Reignat, sur une longueur de plusieurs kilomètres.

A Reignat, la route quitte la vallée de Besse : elle passe au-dessus de la ligne de faîte et gagne la ville de Champeix. L'étude détaillée de ces moraines devient alors beaucoup plus difficile, car les sentiers sont rares et les ascensions pénibles. Mais, si l'on gravit la haute montagne de St-Pierre Colamine qui s'avance comme un promontoire dans l'axe de la vallée, on peut alors suivre de l'œil, à droite et à gauche, ces immenses traînées de blocs qui fuient à l'horizon et ne s'arrêtent qu'à l'entrée de la plaine d'Issoire.

La moraine frontale de ce glacier a été presque entièrement enlevée par les eaux ; il en reste un fragment qui barre transversalement la vallée, presque en face de Pardines.

La Couze serpente ong de la base de ce reste de moraine qui repose sur le fond actuel de la vallée, à 30 mètres au-dessous des alluvions à *Elephas Meridionalis*, à 60 mètres au-dessous de la base des conglomérats ponceux de Perrier.

GLACIER DE LA COUZE DE CHAMPEIX.

La vallée de la Couze de Champeix descend du Mont-Dore, comme la précédente, dont elle est séparée par le plateau de Reignat, les hauteurs de la Velle et la montagne de Perrier.

Elle suit une direction à peu près parallèle.

Elle est arrosée par une couze qui se jette dans l'Allier, à Coudes.

Sa structure géologique ne diffère pas de celle de sa voisine.

A l'entrée de la vallée de Chaudefour, M. Contejean avait cru, il y a quelques années, observer un barrage d'origine glaciaire ; mais le temps lui avait manqué pour vérifier cette découverte (1). Il ne s'était pas trompé. Là encore les traces de l'ancienne existence de glaciers sont aussi nettes. Le glacier qui l'occupait ne s'arrêtait qu'à l'Allier.

Les moraines latérales qu'il a laissées s'étendent avec régularité jusqu'au village de Coudes.

La moraine profonde, couverte d'une riche végétation, tapisse le fond de la vallée.

La moraine frontale n'existe pas. Cela est facile à expliquer. La vallée de l'Allier, en effet, est extrêmement resserrée au confluent de la Couze, et se transforme en une gorge profonde qui relie le bassin d'Issoire avec la Limagne.

(1) *Revue scientifique de la France et de l'étranger*, 4° année, n° 18, 30 mars 1867.

Le glacier de la Couze butait contre les granites de Four-la-Brouque qui s'élèvent sur la rive droite de l'Allier, et la moraine frontale etait à chaque instant emportée par les eaux de la rivière.

Le village de Coudes, sur la rive gauche, est bâti au-dessus de l'eau sur une gibbosité du granite qui a déterminé là une moraine par obstacle, de telle sorte qu'aujourd'hui ce long village occupe à la fois le granite et la moraine.

Le glacier atteignait donc la gorge, et avait 25 kilomètres de longueur environ.

Nous appellerons l'attention sur de magnifiques polissages que l'on observe sur les parois granitiques au-dessus de Neschers. La vallée se resserre en ce point en un étroit défilé qui ne laisse de place qu'à la route et au torrent. Là, à droite, entre les deux ponts, et plus loin, à gauche, après le second pont, on observe la paroi moutonnée et polie sur une surface de plus de 15 mètres carrés.

TRACES GLACIAIRES DANS LES ENVIRONS DE CLERMONT-FERRAND.

Vallée de l'Auzon. — M. Laval a fait quelques excursions dans la vallée de l'Auzon pour y reconnaître les traces d'anciens glaciers.

Cette vallée, au milieu de laquelle s'élèvent les villages de Chanonat et de la Roche-Blanche, est comprise entre les puys Girou, Jussat et Gergovia au nord, et la montagne de la Serre au sud. Notre excellent ami a constaté la présence de blocs erratiques à la surface des champs, ainsi que sur les parois des hauteurs qui les dominent.

Il pense que la moraine frontale de ce petit glacier de second ordre pourrait se retrouver au-dessus de Chanonat. Il nous a signalé en ce point la présence d'une colline formée d'un grand nombre de blocs polis et striés, de granite, de basalte et d'arkose.

Vallée de Romagnat. — Un autre glacier de deuxième ordre a laissé des traces très-visibles sur les flancs des collines. Le pic de Montrognon, et les pentes de Gergovia en sont couvertes.

La moraine latérale gauche a été coupée par la route impériale, près du village de Beaumont, à 3 kilomètres de Clermont-Ferrand. Ce village est bâti en partie sur la coulée de Gravenoire.

La moraine frontale s'observe à Romagnat. C'est à Gergovia que, au mois d'avril 1867, nous découvrîmes avec M. Laval les premières traces de l'existence d'anciens glaciers en Auvergne. Nous explorions la colline dans un but tout différent, lorsque l'un de nous fit la remarque que le sol du plateau était en partie formé d'une alluvion granitique, qui, nous le sûmes plus tard, avait déjà été signalée par M. Lecoq.

Notre attention étant subitement éveillée, nous découvrîmes bientôt, parmi les blocs de basalte provenant de la démolition des deux coulées qu'une discussion a rendues célèbres, et qui couvrent la montagne, nous découvrîmes un grand nombre de blocs basaltiques de provenance étrangère. Ceux-ci anguleux, d'un volume quelquefois énorme, couverts d'un limon jaunâtre, polis, striés, cannelés, appartenaient à la coulée de Berzet.

Sur le plateau, nous retrouvâmes des blocs pareils mélangés au diluvium. Il devint évident pour nous que le diluvium et ces blocs erratiques avaient été apportés par un glacier venu de l'ouest, à une époque où le profond ravin qui sépare Gergovia des côtes granitiques de Ceyrat n'existait pas encore.

Enfin toutes les hauteurs de la falaise granitique qui borde la Limagne, à l'ouest, sont couvertes de blocs erratiques striés ; ainsi les environs de Montrodeix, d'Orcine, de Ternant, etc.

En un mot, le plateau cristallin qui supporte les volcans à cratère était couvert par un glacier qui envoyait de part et d'autre des branches dans les vallées qui en descendent.

Nous n'avons pas poussé plus loin nos investigations, mais il est désormais incontestable que des crêtes du Forez et du Mezenc, que des plateaux basaltiques d'Aubrac et du Vivarais, descendaient dans les vallées des glaciers plus ou moins importants. Tous les massifs montagneux de la France en étaient émaillés. Au nord, le Jura donnait la main au plateau central, et le reliait, par une série de brillants chaînons, aux majestueux glaciers des Alpes.

Au midi, la Lozère, dont le glacier de Palhères n'a pu échapper à l'œil investigateur de M. Charles Martins (1), le reliait aux Pyrénées et au beau glacier d'Argelès.

La recherche et la délimitation de ces anciens glaciers,

(1) *Comptes-rendus de l'Académie des sciences*, t. LXVII, séance du 9 nov. 1868.

qui allaient s'irradiant autour des sommets, est un beau champ d'études ouvert aux naturalistes. Le plateau central commande la plupart de nos bassins hydrographiques. Il donne naissance à nombre de fleuves et de rivières, et cette étude, devenue indispensable, éclairera d'une vive lumière la série de leurs diluviums.

EFFETS DESTRUCTEURS DES MERS DE GLACE DE LA PREMIÈRE PÉRIODE GLACIAIRE.

Rien n'est mieux connu aujourd'hui que les effets produits par un glacier sur les parois qui l'encaissent. Ces effets varient avec la nature minéralogique des roches qui en subissent l'influence.

Si le fond d'une vallée glaciaire est granitique, par exemple, ses rugosités s'émoussent, sa surface devient polie, ou, suivant l'expression admise, moutonnée. Les flancs se polissent et se couvrent de stries, s'ils sont formés d'une roche dure; ils s'effritent et se délitent s'ils sont schisteux. Mais ces effets qui sont dus à la nature spéciale d'un agent, à son mode de progression, et à l'action combinée de l'eau qui provient de sa fusion, des galets qu'il entraîne, et sur lesquels il glisse, doivent se produire de la même manière, quand le glacier se meut, non plus dans une vallée, mais à la surface des plateaux.

Dans un pays aussi accidenté que la Suisse, ces derniers effets ne se remarquent guère, mais ils prennent dans le plateau central, une certaine importance, et nous devons les signaler ici.

Nous avons constaté dans cette région l'existence d'une période glaciaire d'une intensité extrême. Ce n'étaient plus de petits glaciers de premier ou de second ordre, s'écoulant dans les vallées, mais une mer de glace qui recouvrait ce vaste plateau. Son épaisseur était énorme. D'après ce que nous en savons, elle atteignait mille mètres (1). Or, les lois de progression des glaciers devaient exister pour elle, et la surface du plateau à cette époque devait se moutonner et se polir exactement comme le font de nos jours les vallées qui encaissent un glacier. Aussi sommes-nous convaincu que la forme arrondie des massifs cristallins n'est pas due à une autre cause.

Cette idée, qui n'est en définitive que la généralisation des faits observés dans les vallées, nous est venue à l'esprit quand nous avons découvert la moraine profonde de Lempdes. Cette moraine a en effet de 1 mètre à 1 mètre 50 d'épaisseur ; elle est formée, comme nous l'avons vu, d'énormes galets, usés, arrondis, couverts de méplats, engagés dans une boue argileuse. Elle repose directement sur le gneiss ; un tel laminoir, mû lentement sous l'effort irrésistible de plusieurs centaines de mètres de glace, a été seul capable de donner à la surface du sol cristallin le relief ballonné qu'il affecte.

Les ravins, les lignes de Creux, qui isolent, au milieu de leurs réseaux, les bombements granitiques, ont dû être produits par l'eau de fusion de cette mer de glace. Ce sont de gigantesques karrens.

On aurait tort, ce nous semble, d'attribuer le moutonnement des massifs cristallins ou de transition à l'action

(1) La preuve de cette assertion fera l'objet d'un prochain mémoire.

lente des eaux pluviales depuis leur émersion définitive.

En effet, d'une part, ces massifs ne sont pas restés immobiles depuis cette époque. Ils ont été soumis à d'éternelles ondulations, qui ont froissé les couches, les ont brisées, fracassées dans toutes les directions et en ont incessamment renouvelé les surfaces

Les preuves surabondent. Le gneiss a souvent recouvert après coup des couches de charbon dans le bassin de Brassac. Au début de l'Époque tertiaire, il faut citer encore l'élargissement de la Limagne, de la vallée de la Loire, etc.

D'autre part, si les basaltes, à leur apparition, à la fin de l'époque miocène, avaient trouvé devant eux une surface pareille, ils se seraient écoulés dans les karrens ; ils auraient déterminé la formation d'îlots granitiques au milieu de leur masse, et rien de semblable ne se voit. Au contraire, ils couronnent toujours les hauteurs, à l'encontre de ce qu'ont fait plus tard les laves modernes.

Cette modification du relief granitique est donc plus récente que les basaltes, et comme rien n'a été changé depuis la fin de la deuxième période glaciaire, nous sommes donc fondé à l'attribuer à la gigantesque action des mers de glace de la première époque.

Les basaltes du centre de la France présentent un facies caractéristique : leurs coulées sont démantelées, disloquées ; ce ne sont le plus souvent que lambeaux épars dont on ne peut retrouver le point de sortie. Ils ont un aspect de vétusté ; ils s'égrènent ; ils se résolvent en une infinité de petits prismes ou de blocs polyédriques qui s'écroulent, et couvrent de ruines les flancs des hauteurs qui les supportent. Exemple : Bonnevie, Chastel, Bredons, Laval dans la vallée de l'Allagnon ; Montredon, Saint-Victor, Pardines, Gergovia, Girou dans le Puy-de-Dôme.

Cet aspect étrange contraste avec la beauté, la fraîcheur, la belle conservation des laves modernes. Celles-ci ont le plus souvent le cône de scories qui entoure leurs cratères ; les basaltes ne l'ont plus, bien que la présence dans les terrains voisins de scories basaltiques démontre que leur émission a eu lieu de la même manière.

Les laves modernes ont leurs surfaces couvertes d'aspérités produites au moment du refroidissement, et dues à la sortie des gaz qu'elles renfermaient pendant qu'elles étaient en fusion. Les surfaces des basaltes, au contraire, ont perdu toutes leurs aspérités. Malgré leur structure souvent scoriacée ou bulleuse, elles sont polies, glissantes et comme moutonnées.

Ces différences d'aspect avaient été remarquées depuis longtemps, et faisaient distinguer ces roches minéralogiquement identiques, en laves anciennes et laves modernes, ou bien basaltes anciens et basaltes nouveaux.

A notre avis, ces effets sont encore dus à la première période glaciaire. L'égrénement des basaltes s'est produit sans doute sous la double influence de l'eau d'infiltration dont le regel faisait éclater la roche et déterminait de nouvelles fissures et aussi de l'énorme pression de la glace, directe en amont, latérale sur les flancs des vallées. Cette période n'a peut-être rien d'égal dans le monde actuel. Peut-être, pour lui trouver un terme de comparaison, faudrait-il aller dans l'hémisphère sud, autour du pôle antarctique. Là en effet, les navigateurs ont décrit des glaciers marins ou continentaux d'une puissance qui étonne l'imagination.

La deuxième période, celle de de Charpentier, au contraire, pourrait trouver son analogue dans la phase glaciaire que traversent actuellement la Nouvelle-Zélande et la Patagonie.

Ces considérations nous paraissent mériter l'attention, car elles pourront servir dans l'exploration de contrées nouvelles. Partout où les massifs granitiques, ou les roches éruptives anciennes présenteront le facies qu'ils affectent dans le plateau central, on pourra en conclure, malgré l'absence de débris erratiques, que ces régions ont été soumises à l'action de puissants glaciers.

AGE DES VOLCANS A CRATÈRES.

Les volcans à cratères du centre de la France recouvrent partout les nappes de basalte, et sont surmontés de stations de l'âge du Renne.

Tel est actuellement l'état de la science au point de vue de leur développement. L'âge du Renne fixe leur extinction, mais entre cet âge et le basalte, l'époque précise de leur apparition restait à déterminer.

M. Pomel les croyant contemporains du phénomène glaciaire en Europe, avait cru expliquer l'absence de dépôts erratiques dans le plateau central par le développement de chaleur qui avait accompagné leurs éruptions. Cette raison suffisante tout au plus pour la région immédiatement voisine des volcans, n'avait aucune valeur quand on l'appliquait au Mont-Dore et au Cantal.

Les volcans à cratères sont-ils en réalité modernes ou quaternaires ? On est porté à les croire récents à cause de la fraîcheur des laves et de la belle conservation des cratères.

Ces volcans ont surtout fait de la région du Puy-de-Dôme leur lieu d'élection. Disposés suivant une ligne circulaire, isolés les uns des autres, ils s'élèvent comme une série de cônes au nombre d'environ 70 sur l'arête granitique qui court de Riom à Besse.

Au centre se dresse le Puy-de-Dôme qui les domine de sa masse imposante.

Leurs coulées se sont élancées de part et d'autre de l'arête cristalline et ont comblé le thalweg des vallées parfois à une distance considérable des cratères.

Dans l'exploration du Mont-Dore et des environs de Clermont, nous avons reconnu sur plusieurs points la superposition aux moraines de coulées provenant de quatre de ces volcans les plus considérables.

Volcan de Gravenoire. — Ce volcan a émis cinq coulées : la plus considérable, butant à 1,500 mètres contre la colline de Montaudoux, s'est divisée en deux :

La branche gauche est descendue jusqu'auprès du village de Chamalières.

La branche droite, prenant sa direction vers Beaumont, s'est avancée dans la plaine jusqu'au domaine de Loradoux.

Une première superposition se remarque au point de bifurcation. Là, en effet, se trouve une moraine par obstacle, déposée par le glacier qui descendait de la vallée de Royat : elle est formée de blocs basaltiques venus du plateau de Charades auquel s'adosse le volcan. La lave moderne a surmonté la moraine et s'est divisée au-dessus d'elle.

La deuxième superposition s'observe près du village de Beaumont, à 3 kilomètres environ de Clermont. Elle a été mise en évidence par le passage de la route impériale. La section de la route prend en écharpe, sur une longueur de plus de 100 mètres, la moraine latérale gauche du glacier de Ceyrat, surmontée de la coulée de lave. La tranche de cette coulée a plus de 5 mètres d'épaisseur.

Volcan du Tartaret. — Dans la vallée de Champeix, le volcan du Tartaret et ses déjections recouvrent les dépôts glaciaires. En tête, on voit les moraines profondes et latérales descendues de Chaudefour, disparaître sous les amas de pouzzolane ; à Neschers, à la terminaison de la coulée, on les voit émerger de nouveau.

La lave contraste par sa fraîcheur et les aspérités qui hérissent sa surface avec les flancs polis et moutonnés de la vallée. Aucun bloc erratique ne repose sur elle, à l'exception de ceux que les éboulements ont détachés des moraines latérales dans les parties où la vallée se resserre.

C'est à la surface même de cette lave que M. Pomel a exploré une station humaine de l'âge du renne.

Volcan de Montchalm. — Il en est de même pour le volcan de Montchalm, dont la coulée, prenant la même direction que celle du Tartaret, a comblé le fond de la vallée de la couze d'Issoire usqu'au village de Sauriers. L'immense accumulation des dépôts glaciaires au pied du Mont-Dore disparaît encore sous le voile superficiel des pouzzolanes et des conglomérats volcaniques.

Volcan de Montsineyre. — De même pour le volcan de Montsineyre dont la coulée s'arrête près de Valbeleix. Les ravins creusés par les orages présentent, en une foule de points, des coupes naturelles où la superposition se voit facilement.

Ainsi pour ces volcans, qui sont au nombre des plus considérables de la chaîne, la date de l'apparition est précise : ils sont post-glaciaires.

Du reste, un caractère négatif des moraines nous permettait déjà de le prévoir. Jamais, quand elles n'ont pas été remaniées, elles ne renferment le moindre fragment de lave moderne. Toutes les roches préexistantes s'y retrouvent au contraire; les roches cristallines, les basaltes, les arkoses, les calcaires.

Ce caractère négatif trouve son explication dans les coupes de superposition que nous avons observées. Il est probable qu'il en est de même de tous les autres volcans, et que l'on pourra, en examinant l'une après l'autre toutes leurs coulées, retrouver toujours la même relation.

Leur durée a été éphémère. La plupart n'ont émis qu'une coulée, le nombre total de leurs éruptions est bien inférieur à celui d'un de nos volcans actuels, l'Etna par exemple.

Qu'on nous permette de rappeler la découverte, par M. Aymard, d'ossements humains mêlés à ceux du mammouth dans une brèche volcanique de la Denise. Le seul point que nous voulions retenir de ce fait, c'est la présence du mammouth à l'époque de l'éruption de ce volcan dans la Haute-Loire.

Un fait non moins curieux est peut-être venu confirmer dans nos régions cette relation :

Un cultivateur fut amené, il y a quelques années, à rechercher des sources dans un terrain au-dessus de Chamalières. Pour atteindre ce but, il fut obligé de défoncer la coulée de Pariou qui recouvre l'ancien thalweg de la vallée. Après plusieurs mois d'un travail opiniâtre, il parvint à l'ancien sol, mais là, s'il fut déçu dans son espoir, la géologie trouva l'occasion d'une découverte intéressante.

Sous la coulée du Pariou, dont tout le monde connaît l'admirable cratère, gisaient deux défenses d'éléphant et un tronc d'arbre, encore debout, d'un mètre de hauteur. La lave avait carbonisé les menues branches, mais n'avait pu altérer le tronc qui est resté intact. Malheureusement, on ne put étudier ni déterminer spécifiquement les défenses : elles s'étaient transformées en une sorte de matière gélatineuse qui ne permit pas de les enlever. Un grand nombre de personnes purent les voir sur place et se convaincre de leur vraie nature animale. Cette transformation bien connue des ossements enfouis dans certaines conditions s'était réalisée dans ce cas.

Voilà le fait que nous voulions rapprocher de celui de la Denise. Toujours est-il que l'ensemble de ces observations nous donne la certitude que les volcans à cratères du centre de la France se sont fait jour entre la deuxième époque glaciaire et l'âge du renne, par conséquent à la fin de l'âge du mammouth.

Nous sommes arrivé au terme de ce travail. Cependant, avant d'en résumer les conclusions et de quitter la plume, nous exposerons quelques idées qui se rattachent étroitement à notre sujet.

Ce terrible phénomène, qui a failli anéantir la vie à la surface du globe, a-t-il été soudain, imprévu, ou a-t-il été amené avec lenteur? Eh bien! l'observation semblerait justifier la première hypothèse. A la colline de Perrier, les conglomérats ponceux reposent directement sur la couche fossilifère. Aucun intermédiaire ne les sépare. Ils ont brisé même et couché à terre le taillis qui ombrageait la plaine à l'abri des escarpements basaltiques de Pardines.

Il en est de même à Meximieu, localité dont M. de Saporta vient de nous faire connaître la flore. Le conglomérat bressan recouvre les marnes à empreintes végétales qui sont du même âge que le pliocène inférieur d'Issoire.

Au val d'Arno supérieur, les marnes à fossiles végétaux supportent aussi directement le *sansino*, c'est-à-dire le conglomérat sableux que nous supposons d'origine glaciaire, et qui renferme la faune si connue.

Le climat de Lyon, à cette époque pliocène, était, d'après le savant paléophytologiste, celui des îles Baléares. Rien ne faisait donc prévoir un tel changement météorologique; rien n'annonçait l'arrivée, pour ainsi dire foudroyante, des glaciers.

Une autre remarque a trait à la période actuelle. Depuis le retrait définitif des glaciers, rien d'insolite ne paraît avoir troublé le calme et la tranquillité de la nature. Les torrents qui grondent au pied des moraines ont à peine creusé leur lit, et les moraines elles mêmes brillent par leur fraîcheur et leur admirable conservation. Pas un de leurs cailloux, pas un grain de sable n'a bougé de place.

Enfin, une troisième et dernière remarque est relative à la faune. Si l'on examine les listes des fossiles pliocènes du centre, on ne voit aucune espèce passer du pliocène inférieur au supérieur, c'est-à-dire à la faune interglaciaire. Il en est ainsi à Perrier, à Vialette, à Solilhac, à Sainte-Anne. On peut donc dire que le mastodonte n'y a pas connu l'éléphant.

La faune de Saint-Prest est dans le même cas. Elle ne renferme pas d'espèce pliocène inférieure. De même aussi celle de Cromer et de Zurich. Il est vrai que les dépôts que nous venons de citer n'ont jamais été remaniés. Ce n'est que dans certains gisements offrant des traces de remaniement, comme le conglomérat de la Bresse et du val d'Arno, ou dans certains lits marins ou fluvio-marins, comme le Crag de Norwich, que l'on observe l'association des *Mastodon arvernensis* ou *borsoni* et de l'*Elephas meridionalis*.

On est ainsi porté à croire que la vie, pendant la grande période d'extension des glaciers, a été suspendue en Europe, et que cette période terrible a duré nombre de siècles.

Dans quelle région s'est alors effectuée la transformation de la faune pliocène dans la faune quaternaire? L'observation nous le fera connaître un jour, sans doute. Notre faune quaternaire, ou plus exactement notre faune actuelle, est venue dans nos climats par voie d'immigration, et a continué son séjour, même pendant le second retour du froid, comme l'ont démontré les recherches effectuées pendant ces dernières années.

CONCLUSIONS GÉNÉRALES.

1° La période tertiaire s'arrête au développement de la faune pliocène inférieure, caractérisée par les *Mastodon arvernensis* et *borsoni*.

2° Le centre de la France a été, comme le nord de l'Europe et la Suisse, après le développement des mastodontes, sous l'influence d'une période glaciaire d'une intensité exceptionnelle. Le moutonnement des massifs cristallins, la démolition et la destruction des roches éruptives antérieures, sont dus à l'action des glaces. Cette première époque est représentée dans le centre de la France par les conglomérats ponceux de Perrier, d'Orcet, de Monton, les blocs erratiques de Beauregard, de Saint-Romain, du Puy-de-Mür, etc.

3° La période diluvienne a été la conséquence de la fonte générale de ces masses de glaces.

Le creusement des vallées, les érosions, les ablations et les remaniements du sol superficiel, sont les résultats de cette fusion.

4° La faune à Eléphants fait alors sa première apparition. Cette époque interglaciaire est représentée par les alluvions supérieures de Perrier, la forêt de Cromer, les charbons feuilletés du bassin de Zurich, Saint-Prest, Montreuil et le val d'Arno supérieur.

5° La période pliocène supérieure doit disparaître de la science.

6° Le plateau central, à l'époque de l'*El. primigenius*, a subi une recrudescence de froid analogue à celle dont on connaît les effets dans les Vosges, les Alpes et les Pyrénées. Ses vallées ont été occupées par des glaciers dont les moraines frontales descendaient à 500 mètres d'altitude.

7° Les volcans à cratère ont fait leur apparition entre cette deuxième période glaciaire et l'âge du renne.

TABLE DES MATIÈRES

PREMIÈRE PARTIE

DEUXIÈME PARTIE

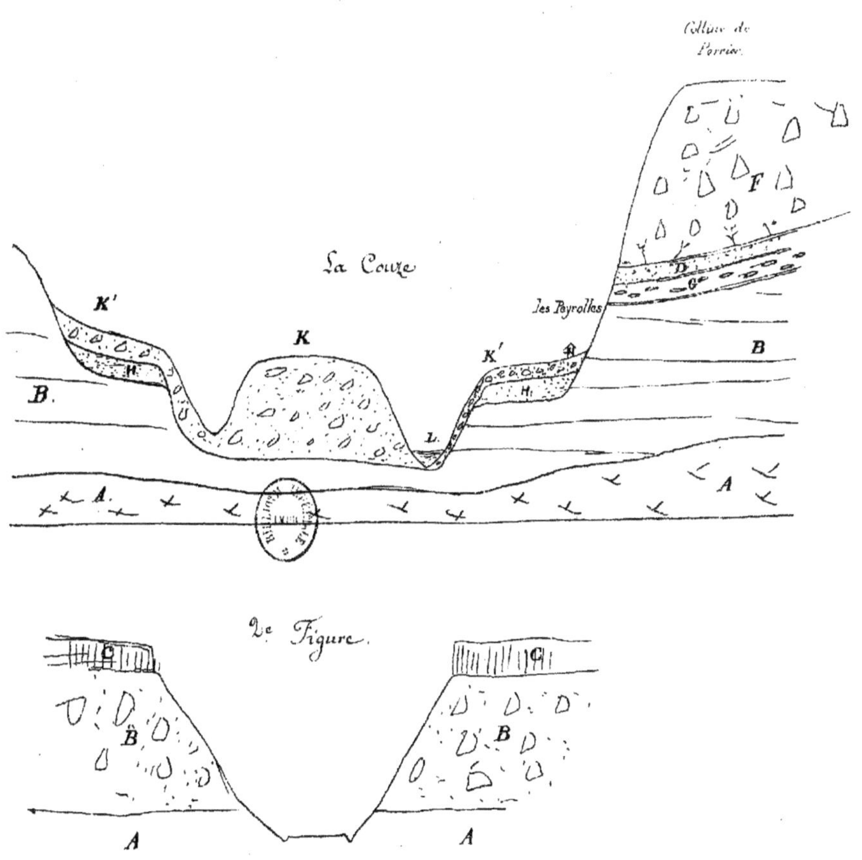

1re Figure.
Colline de
Porries
La Couze
Colline de Porries
F
D
C
les Peyrolles
K'
K
K'
B
H
B
L
H
A
A
2e Figure.
C
C
B
B
A
A